Aida Benchaabane

Etude et réalisation des cellules photovoltaïques hybrides

AF190480

Aida Benchaabane

Etude et réalisation des cellules photovoltaïques hybrides

Incorporation des nanoparticules minérales dans une matrice polymère conjuguée

Presses Académiques Francophones

Imprint

Any brand names and product names mentioned in this book are subject to trademark, brand or patent protection and are trademarks or registered trademarks of their respective holders. The use of brand names, product names, common names, trade names, product descriptions etc. even without a particular marking in this work is in no way to be construed to mean that such names may be regarded as unrestricted in respect of trademark and brand protection legislation and could thus be used by anyone.

Cover image: www.ingimage.com

Publisher:
Presses Académiques Francophones
is a trademark of
International Book Market Service Ltd., member of OmniScriptum Publishing Group
17 Meldrum Street, Beau Bassin 71504, Mauritius

Printed at: see last page
ISBN: 978-3-8416-3508-2

Zugl. / Agréé par: Amiens, Université Picardie Jules Verne, 2015

A mon père

A ma mère

A mes sœurs et mon frère

Remerciements

Ce travail de recherche s'inscrit dans le cadre d'une thèse en cotutelle entre le laboratoire de Matériaux Avancés et Phénomènes Quantiques LMAPQ de Tunis et le laboratoire de Physique de la Matière Condensée LPMC d'Amiens. Je remercie respectivement les deux directeurs des laboratoires Professeur **Habib BOUCHRIHA**, de l'Université de Tunis El Manar et Professeur **Mimoun El MARSSI**, de l'Université de Picardie Jules Verne de m'avoir accueilli dans leurs laboratoires.

J'adresse mes sincères remerciements à l'ensemble des membres du jury d'avoir accepté de juger ce travail et de m'honorer de leur présence :

- Messieurs **Guy LOUARN**, Professeur à l'Université de Nantes et **Hafedh BEN OUADA**, Professeur à l'Université de Monastir pour avoir accepté de rapporter ce travail de thèse.

- Mr **Mohamed-Abdou DJOUADI**, Professeur à l'Université de Nantes et Mme **Najoua Kammoun**, Professeur à l'université de Tunis El Manar pour avoir accepté d'examiner ce travail de thèse.

- Mr **Martial CLIN**, Professeur à l'Université de Picardie Jules Verne pour avoir accepté de faire partie du jury de thèse.

Au Professeur **Habib BOUCHRIHA**, je tiens à exprimer ma profonde reconnaissance pour son engagement total et permanent aussi bien lors du stage de master qu'au cours de la préparation de la thèse. Merci pour votre investissement personnel, vos conseils pédagogiques et votre soutien moral. Je ne serai jamais plus fière que d'être sur une très longue liste des doctorants honorés d'avoir eu le privilège d'être suivi par vous.

Je ne saurais exprimer ma gratitude au Professeur **Kacem ZELLAMA**, Professeur à l'Université de Picardie Jules Verne, pour sa disponibilité permanente et ses encouragements. Il est l'initiateur de la coopération entre nos deux laboratoires et sa contribution à la réalisation de ce travail est grande tant dans le domaine expérimental que pour l'interprétation et la rédaction des résultats.

Je remercie Monsieur **Andreas ZEINERT** maître de conférences habilité de l'Université de Jules Verne Picardie, qui a accepté de m'encadrer. Il m'a initié aux diverses techniques de caractérisation optique et à l'interprétation des résultats. Je tiens aussi à le remercier pour ses conseils avisés, pour tout le temps qu'il a pu me consacrer sans faillir et pour son extrême gentillesse à mon égard. Qu'il trouve ici toute ma reconnaissance et mon respect les plus dévoués.

Je tiens à remercier Monsieur **Michael LEJEUNE**, Maître de Conférences à l'Université de Picardie Jules Verne pour m'avoir fait confiance, encadré et initié aux techniques de dépôt par pulvérisation cathodique RF et aux techniques de caractérisation vibrationnelles, ainsi que pour son enthousiasme et ses idées originales et innovantes.

Je remercie vivement le professeur **Mohamed MEJATTY** pour sa contribution à la finalisation de cette thèse et pour ses remarques pertinents et son constant encouragement. Je tiens à exprimer ma vive gratitude d'avoir accepté à m'encadrer à mi-chemin et de continuer le travail débuté par le Professeur **Habib BOUCHRIHA**.

J'adresse mes remerciements à Monsieur **Fayçal KOUKI**, maître assistant à l'Ecole préparatoire de Tunis El Manar, pour avoir suivi de près mes travaux et donné un fil conducteur à l'ensemble du travail, qu'il sache que j'ai apprécié la confiance qu'il m'a accordée et l'autonomie qu'il m'a donnée tout au long des années passées au laboratoire. Ses qualités humaines ont toujours permis des échanges intéressants, sympathiques et structurants. Je le remercie également pour le savoir qu'il m'a transmis.

Je souhaite remercier Monsieur **Taieb BEN DHIA**, Professeur à la Faculté des Sciences de Tunis pour son soutien moral, ses discussions scientifiques et ses conseils précieux.

Ce travail n'aurait pu être mené à bien sans l'aide de Monsieur **Mohamed Abderahmane SANHOURY**, chercheur post doctorant habilité à la Faculté des Sciences de Tunis, je tiens également à le remercier pour la synthèse des nanoparticules inorganiques, pour la préparation des solutions hybrides et pour son enthousiasme et sa disponibilité complète.

J'adresse mes plus vifs remerciements à **Abdelilah LAHMAR** , Ingénieur de Recherche au LPMC, tout d'abord pour les images MEB (Institute for Materials and Surface Technology IMST, Kiel, Germany), pour ses conseils scientifiques, son soutien moral et pour sa bonne humeur. Sans oublier l'aide du Docteur **Jamal BELHADI** pour les mesures électriques J-V et Z-W.

Que Monsieur **Jean-luc DELLIS**, maître de conférences trouve ici ma reconnaissance de m'avoir profité de son expertise dans les mesures électriques et la modélisation.

Cette thèse ne serait jamais arrivée à terme sans le soutien de ma famille. Je dédie ce travail avec toute mon affection et mon éternelle reconnaissance à mon **Cher Père** Ridha et **ma Chère Mère** Zohra. J'admire votre patience à travers cette épreuve longue : votre amour, votre éducation, vos enseignements, vos encouragements et conseils n'ont jamais cessé de résonner dans mon esprit. Merci pour la confiance et l'espoir portés en moi. Je ne manquerai pas de remercier mes sœurs **Amira** et **Mariem** et mon frère **Mohamed**, mon petit neveu **Youssef** qui ont été une source de motivation pour un bon déroulement de ce travail de thèse. Je vous aime.

Un remerciement sincère à mon oncle **Rafik**, maître de conférences à l'institut préparatoire de Monastir pour son aide permanente ainsi que pour sa femme **Insaf**.

Enfin, je tiens à remercier chaleureusement Madame Dhouha **GAMRA FAYACHE**, Monsieur **Samir ROMDHANE**, Madame **Amel ROMDHANE**, Monsieur **Saïd RIDENE**, Monsieur **Stéfane CHARVET**, Monsieur **Gagou YAOUVI**, Monsieur **Olivier Durand-Drouhin**, Madame

Odile ZELLAMA, Mme **Régine**, Mr **Philippe,** Mme **Anna CANTALUPPI**, Mlle **Mélanie BARTIER,** Mme **Audrey LECOMPTE et** Mme **Virginie PECOURT** (école doctorale) pour leurs gentillesses et pour leur soutien, ainsi que mes collègues de LPMC : Mass, Bilal, Lizette et Olivier .

J'aimerais remercier mes collègues de LMAPQ et tout particulièrement Zied et Chadlia, Moufid, Nouha, Amira, Mariem et Adel..

Table des matières

Chapitre 1. Généralités sur les polymères et applications

Chapitre 2. Nanoparticules et systèmes hybrides
Partie 1 : Nanoparticules inorganiques

8

Partie 2 : Systèmes hybrides

Chapitre 3. Principes et techniques de caractérisation des couches hybrides

Chapitre 4 . Etude de système hybride PVK/ZnSe

Chapitre 5. Etude de système hybride P3HT/CdSe

Introduction générale

$\mathbf{L}$'électronique organique a connu un grand essor à la fin du $20^{\text{ième}}$ siècle, en particulier dans la confection des composants optoélectroniques qui se sont développés essentiellement autour des systèmes d'affichage grâce à la maitrise des diodes électroluminescentes organiques et autour de la microélectronique et de l'énergétique grâce à l'implantation des transistors à effets de champs et des cellules organiques [1-5].

Cet essor résulte des propriétés des matériaux organiques et notamment des polymères conjugués qui sont d'une grande diversité et dont la synthèse est relativement simple et peu couteuse. De plus, ils sont légers, flexibles, émissifs et ont une bonne stabilité chimique et thermique. Il n'en demeure pas moins que le mécanisme de transport dans ces matériaux n'est pas complètement élucidé et souffre d'un déficit à cause de la faible mobilité des porteurs de charges et de la modeste conductivité [6] ainsi que le domaine restreint d'absorption d'énergie solaire comparée aux systèmes inorganiques [7]. Des alternatives basées sur le dopage ont amélioré les performances des dispositifs organiques qui demeurent toute fois toujours moins efficaces comparées à celles des dispositifs inorganiques, surtout dans le domaine de la conversion photovoltaïque où les rendements demeurent très faibles [8].

Dans la recherche d'une meilleure alternative et pour améliorer la compétitivité des organiques dans la course à la miniaturisation des dispositifs et de la nanotechnologie, on a depuis une dizaine d'années envisagé l'élaboration de dispositifs hybrides où on incorpore dans la matrice polymère des nanoparticules inorganiques (quantum dots) [9]. Ces composites se sont révélés très prometteurs dans l'amélioration des propriétés optoélectronique et des performances des dispositifs [10].

C'est l'objet de ce travail où on s'est intéressé à deux prototypes de polymères conjugués l'un formé de chaînes linéaires, le poly(3 hexyl thiophène) (P3HT), l'autre a une structure en pelote, le polyvinyl carbazole (PVK) et à deux nanoparticules inorganiques à base de semiconducteurs, le séleniure de cadmium (CdSe) et le séléniure de zinc (ZnSe). On a en outre étudié deux systèmes hybrides le P3HT/CdSe et le PVK/ZnSe , pour chacun d'eux on a déterminé les propriétés structurales, optiques, vibrationelles et électriques et évalué les performances apportées par l'incorporation des nanoparticules à la conversion photovoltaïque des polymères.

Le manuscrit de cette thèse est subdivisé en cinq chapitres précédés d'une introduction et suivis d'une conclusion :

Le premier chapitre fait l'objet d'une présentation générale des polymères conjugués dont le squelette moléculaire est constitué par une alternance de simples et de doubles liaisons et dont la structure électronique est décrite par analogie aux semi-conducteurs inorganiques par deux bandes l'une constituée d'une orbitale moléculaire occupée de haute énergie (HOMO) et l'autre d'une orbitale vide de basse énergie (LUMO). Les deux bandes s'apparentent respectivement aux bandes de valence et de conduction et sont séparées par une bande interdite (gap). Nous y décrivons aussi les niveaux d'énergie qui correspondent aux divers états d'excitation (excitons triplets et singulets) et qui sont responsables des différents processus photophysiques (absorption, fluorescence,...).

Nous présentons également les différents mécanismes de conduction (effet Tunnel, saut,..) qui mettent en jeu des quasi particules résultant de l'interaction charge/déformation et qu'on appelle polarons et on a décrit les diverses formes de caractéristiques courant-tension à l'obscurité qui sont en majeure partie gouvernés par la distribution des pièges présents dans les

14

matériaux. Nous présentons enfin les différentes applications des polymères dans le domaine de l'optoélectronique (cellules photovoltaïques, diodes électroluminescentes, transistors, capteurs,...) et donnons les principales propriétés physicochimiques des deux polymères PVK et P3HT qu'on a utilisés dans ce travail.

Dans le deuxième chapitre, nous présentons d'abord les principales propriétés des nanoparticules qui sont des éléments unitaires de taille de l'ordre de 1 à10 nm et qui peuvent être métalliques (Au,Ag, ...) ou semi-conductrices (ZnSe,CdSe...) et dont la synthèse s'effectue principalement par voie de chimie douce. Ces propriétés que leurs confèrent leurs petites tailles sont dues principalement à des effets de surface (grande valeur du rapport surface/volume) et à des effets quantiques dus au confinement des porteurs ou des excitons dans un volume très réduit. Ces effets donnent lieu à des applications intéressantes dans divers domaines (chimie, biologie, optoélectronique,...).

Nous avons décrit ensuite la synthèse des nanoparticules de ZnSe et de CdSe qu'on a utilisé pour ce travail et dont on a analysé la composition et la morphologie par spectroscopie de dispersion d'énergie X (EDX), microscopie électronique à transmission (TEM) et par spectroscopie d'absorption et de fluorescence en solution ce qui a permis de déterminer leur taille moyenne qui est de l'ordre de 3-5 nm.

Nous avons aussi décrit l'élaboration des couches minces hybrides polymères/nanoparticules sur des substrats de verre ordinaire et de verre conducteur (ITO) en préparant au préalable des solutions hybrides à partir du mélange de solutions polymères et de nanoparticules. Le dépôt a été réalisé par la technique de la tournette (spin coating).

Nous avons enfin décrit le transfert d'excitation entre le polymère (donneur) et les nanoparticules (accepteur) qui est à la base de l'utilisation des systèmes hybrides pour l'amélioration des performances des dispositifs optoélectroniques. Ce transfert est de deux types : soit un transfert d'exciton de même multiplicité du polymère vers les nanoparticules via un échange électronique de Dexter, soit un transfert de Forster des excitons de multiplicité différente par couplage spin-orbite.

Le troisième chapitre est consacré aux techniques de caractérisation des couches minces hybrides PVK/ZnSe et P3HT/CdSe. Pour chacun des systèmes nous avons réalisé des couches de différentes concentrations de nanoparticules dont on a mesuré au préalable les fractions volumiques, les épaisseurs ont été déterminées par profilométrie. Ces couches ont été déposées sur verre pour l'étude de leurs propriétés optiques, structurales et vibrationnelles et sur verre conducteur ITO pour l'élaboration des cellules photovoltaïques.

Nous avons ensuite décrit les principes et les dispositifs expérimentaux des techniques de caractérisation utilisées.

Pour la caractérisation optique nous avons rappelé les fondements de base de l'interaction rayonnement-matière et montré comment la mesure des spectres de transmission et de réflexion nous a permis, en y incorporant le modèle du milieu effectif (MEM) de déterminer l'indice de réfraction, le coefficient d'extinction et d'absorption, les composantes réelles et imaginaires de la constante diélectrique des composites étudiés. Nous avons aussi rappelé quelques modèles optiques courants : Modèle de Cauchy, Modèle de Lorentz, Modèle de Wemple-Dedominico, Modèle de Tauc et nous avons montré comment leur application permet d'atteindre des paramètres physiques pertinents, tel que la permittivité statique ε_∞, la pulsation plasma w_p, le rapport de la densité des porteurs à leurs masse effective N/m^*, l'énergie d'oscillateur E_0, l'energie de dispersion E_d, la conductivité optique σ_{dc} et l'énergie du gap E_g.

16

Pour la caractérisation vibrationnelle nous avons décrit la technique de spectroscopie infrarouge par transformée de Fourier et montré comment on peut déterminer les bandes de déformation et d'élongation et les fonctions chimiques qui leurs sont associées.

Nous avons aussi présenté les techniques de caractérisation structurales des couches, microscopie électronique à balayage (MEB), microscopie à force atomique (AFM) et montré comment la conjugaison de ces techniques peut donner des informations précises sur la structure et la morphologie des couches hybrides en fonction de la concentration des nanoparticules. Nous avons enfin décrit le principe de la conversion photovoltaïque ainsi que les principaux mécanismes de conduction à l'obscurité et sous éclairement et défini les paramètres photovoltaïques régissant la performance des cellules qu'on a élaborées.

Dans le quatrième et le cinquième chapitres nous avons appliqué les techniques de caractérisation précédentes à l'étude des deux systèmes hybrides PVK/ZnSe et P3HT/CdSe. Dans les deux cas nous avons pu obtenir les constantes optiques n, k, ε et α à partir des spectres de transmission et de réflexion et déterminer ainsi la constante diélectrique statique ε_∞, la pulsation plasma w_p, le rapport N/m^*, les énergies d'activation E_0, de dispersion E_d et de gap optique E_g en fonction de la fraction volumique des nanoparticules.

Nous avons observé une nette variation de ces constantes dans le sens de l'amélioration des propriétés semi-conductrices des polymères de base, améliorations qu'on a corrélé à la structure et à la morphologie des matériaux et aux modes de vibrations des diverses liaisons impliquées dans ces systèmes. L'étude de l'effet photovoltaïque a pu particulièrement montrer la nette amélioration des performances des cellules par l'incorporation des nanoparticules où on observe une augmentation du rendement de conversion de 5 à 12 fois par rapport à celui obtenu pour la cellule à base de polymère pur.

Références :

[1] Sooman Lim, Keun Hyung Lee, Hyekyoung Kim, Se Hyun Kim, Organic Electronics 17 (2015) 144–150

[2] Douglas B. Staple, Patricia A. K. Oliver, and Ian G. Hill, PHYSICAL REVIEW B 89 (2014) 205313

[3] Oskar J. Sandberg, Mathias Nyman, and Ronald Österbacka, PHYSICAL REVIEW APPLIED 1(2014) 024003

[4] Alan J. Heeger, Semiconducting and Metallic Polymers: The Fourth Generation of Polymeric Materials 105 (2001)

[5] Bolognesi A, Bajo G, Paloheimo J, Ostergaard T, Stubb H , Adv Mater 9 (1997) 9121-124

[6] C. Barone, G.Landi, A.De Sio , H.C.Neitzert , S.Pagano Solar Energy Materials & Solar Cells122(2014)40–45

[7] João Paulo de Carvalho Alves, Jilian Nei de Freitas, Teresa Dib Zambon Atvars, Ana Flávia Nogueira, Synthetic Metals 164 (2013) 69– 77

[8] Sarita Kango, Susheel Kalia, Annamaria Celli, James Njuguna, Youssef Habibi, Rajesh Kumar, Progress in Polymer Science 38 (2013) 1232– 1261

[9] Min Zhong, Dan Sheng, Chanlun Li, Shiqing Xu, Xiao Wei, Solar Energy Materials & Solar Cells 121(2014)22–27

[10] Smita Dayal,Matthew O. Reese, Andrew J. Ferguson, David S. Ginley, Garry Rumbles, and Nikos Kopidakis, Adv. Funct. Mater. 20 (2010) 2629– 2635

Chapitre 1 :

Généralités sur les polymères et applications

Nous allons dans ce chapitre présenter successivement les propriétés générales des matériaux organiques et les différentes classes de polymères. Nous rappellerons les mécanismes électroniques et photophysiques qui sont à la base de leurs applications dans les dispositifs optoélectroniques et nous discuterons les limites de leurs performances dans la conception de ces dispositifs.

1. Présentation générale des polymères

Les polymères sont connus depuis longtemps, qu'ils soient naturels ou synthétiques. Ils ont toujours été utilisés surtout pour leur qualité d'isolant mais ce n'est que vers les années 1960 qu'on a pu synthétiser des polymères à caractère conducteur tel que polyester, polyéthylène, polystyrène.

La découverte fortuite du polymère conducteur, le polyacétylène (PA) [1], dans les années 70, a conduit à une recherche intense tant au niveau théorique qu'expérimental. De nouveaux polymères conjugués, plus stables à l'air que le polyacétylène ont été synthétisés : le poly(para-phénylène)(ppp) [2], le polythiophène (PTh) [3], le polypyrole (Ppy)[4].

Actuellement plusieurs autres polymères conjugués issus de structures similaires sont synthétisés [5,6]. Ces polymères présentent un grand intérêt en recherche fondamentale car ils constituent des prototypes de matériaux organiques où la présence d'un système étendu d'électrons π confère des propriétés physiques intéressantes [7,8].

L'appellation "électronique organique" recouvre deux types de composants, ceux à base de petites molécules tel que les cristaux moléculaires et ceux à base de macromolécules : les polymères. La différence entre ces matériaux se situe ainsi au niveau de la taille des molécules. Un polymère est une macromolécule dont la structure se répète régulièrement en de longues chaînes constituées d'entités élémentaires, les monomères. Les petites molécules regroupent des oligomères qui ne sont constitués que de quelques monomères.

La figure 1 (a) et (b) montre des exemples de chaque catégorie.

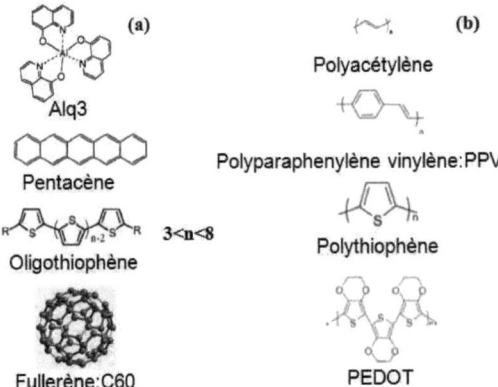

Figure 1 : Exemples de matériaux moléculaires(a)les polymères(b).

Les polymères peuvent donc exister à l'état naturel tel que le caoutchouc,.. mais la majorité des polymères utilisés aujourd'hui sont d'origine synthétique : polyester, polyéthylène, polystyrène…

La plupart des polymères sont des isolants dont l'énergie du gap est supérieure à 5 eV mais certains peuvent présenter un caractère semi-conducteur avec un gap compris entre 2 et 3 eV tel que les polymères conjugués.

1.1 polymères isolants

Les matières plastiques ou en langage de chimie « les polymères isolants» sont des éléments constitués de macromolécules, constituées de nombreux enchaînements répétés d'un monomère (motif), reliés les uns aux autres par des liaisons covalentes. A la différence des matériaux conducteurs, les polymères isolants ne peuvent pas conduire le courant électrique, mais peuvent être utilisés comme isolants ou diélectriques, citons l'exemple de polyéthylène (PE), polychlorure de vinyle (PVC) et polytétrafluoroéthylène (PTFE).

Ces polymères possèdent des propriétés mécaniques intéressantes, ils sont classés en trois familles : les thermoplastiques qui ont la propriété de devenir malléables quand ils sont chauffés, ce qui permet leur usinage, les thermodurcissables qui ont la propriété de durcir sous l'action de la chaleur ou par ajout d'un additif et les élastomères qui ont la propriété de se déformer de manière réversible. Les isolants sont utilisés dans différents domaines de la vie quotidienne : le domaine médical (prothèse, seringue jetable..), le domaine du transport (ailes et intérieurs d'avion, pneumatiques..), le domaine du bâtiment (isolations, tuyaux..), l'électronique (cables, CD..)

1.2 polymères conjugués

Les polymères conjugués se caractérisent par l'alternance de simples (σ) et doubles (π) liaisons chimiques le long de la chaîne polymérique permettant la délocalisation d'électrons. Cette délocalisation est à l'origine du transfert des charges dans la molécule et confère au polymère le caractère semi-conducteur [9,10]. On peut classer les polymères conjugués en différentes familles : les systèmes polyèniques, les systèmes aromatiques, les systèmes hétérocycliques aromatiques et les systèmes mixtes (figure 2).

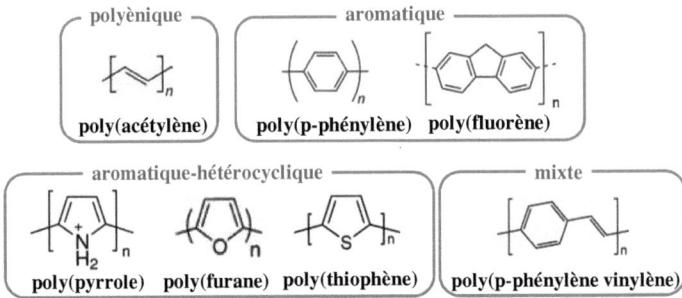

Figure 2: Exemples de polymères conducteurs.

Cette classe de polymères conjugués est devenue un champ de recherche important, dans les dernières décennies, autant pour les chimistes que pour les physiciens. Ces recherches ont débouché sur des applications pratiques telles que les cellules solaires organiques ou les diodes électroluminescentes qui sont peu couteuses et présentent une bonne flexibilité par rapport aux composants électroniques inorganiques usuels. La figure 3 illustre les principales familles de polymères conjugués.

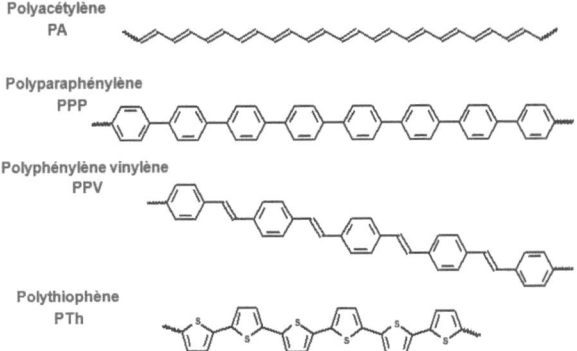

Figure 3 : Principales familles de polymères conjugués.

24

Depuis la découverte de leurs propriétés de conduction électronique les polymères conjugués, sont considérés comme des matériaux très prometteurs pour des applications dans divers domaines et ceci grâce à leur gap qui varie de 1 à 4 eV, qui leur confèrent des propriétés optiques et électroniques intéressantes couvrant tout le domaine de visible. De plus, à la différence des semi-conducteurs inorganiques où le dépôt en couches minces sur des grandes surfaces est difficile (sublimation, dépôt en hase vapeur, épitaxie) [11] les matériaux organiques peuvent en revanche être facilement déposés sur de grandes surfaces par des techniques simples (spin-coating, impression à jet d'encre) qui sont des procédés peu coûteux dans leur mise en œuvre.

Ces polymères s'imposent rapidement comme candidats potentiels en tant que matériaux actifs dans la fabrication d'une large gamme de dispositifs optoélectroniques.

2. Niveaux d'énergie d'une molécule organique

2.1 Etat de l'atome de carbone

Le principal constituant d'une molécule organique est l'atome de carbone, cette élément se distingue par sa faculté d'hybridation multiple, il existe sous la forme sp, sp^2, sp^3. Alors que les autres éléments de la colonne IV du tableau périodique (Si,Ge..) qui constituent les semi-conducteurs conventionnels n'adoptent qu'une seule forme sp^3.

Dans l'hybridation sp^3, l'orbitale $2s$ et les trois orbitales $2p$ de la dernière couche atomique se mélangent pour former quatre orbitales équivalentes (de même énergie). En se couplant, ces orbitales donnent naissance à quatre liaisons σ pointant au sommet d'un tétraèdre régulier (structure cristalline du silicium, du germanium et du diamant).

Dans l'hybridation sp^2, les orbitales p_x et p_y se mélangent à l'orbitale s et donnent lieu à trois liaisons σ orientées vers les sommets d'un triangle équilatéral. La quatrième orbitale p_z pointe perpendiculairement au plan de ce triangle et forme une liaison π plus faible.

Les interactions entre les orbitales p des atomes constituant la chaîne de molécule conjuguée conduisent à des orbitales moléculaires liantes (π) et anti-liantes (π^*).

Comme le montre la figure 4, la différence d'énergie entre les niveaux σ liant et σ^* antiliant est grande (supérieure à 5 eV), ce qui explique leur transparence dans le domaine visible et aussi pourquoi la majorité des matériaux organiques sont transparents et des isolants électriques.

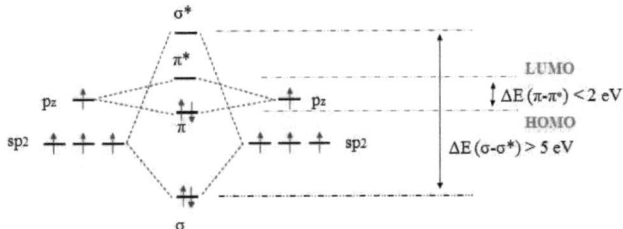

Figure 4: Diagramme énergétique de la liaison carbone-carbone dans le cas de l'hybridation sp$_2$.

Nous appelons *HOMO (Highest Occupied Molecular Orbital)* l'orbitale moléculaire occupée de plus grande énergie et *LUMO (Lowest Unoccupied Molecular Orbital)* l'orbitale vide de plus basse énergie. Nous identifions la *HOMO* à la bande de conduction et la *LUMO* à la bande de valence. L'écart entre ces deux niveaux définit le gap, la valeur du gap correspond à l'énergie nécessaire pour faire passer la molécule de son état fondamental à son premier état excité.

L'archétype de la molécule conjuguée est le benzène, les six liaisons carbone-carbone de cette molécule sont équivalentes et les six électrons π sont délocalisés sur tout l'anneau. Par conséquent, les trois orbitales liantes et les trois orbitales antiliantes ont des énergies très voisines, elles forment donc une bande d'énergie comme le montre la figure 5.

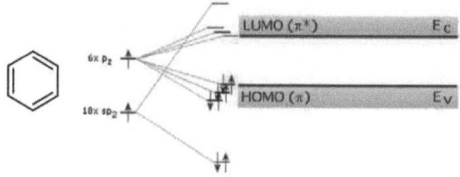

Figure 5: Diagramme énergétique du benzène.

2.2 Etats moléculaires excités et diagramme de Jablonski

L'absorption de la lumière (processus de l'ordre de 10^{-15} s) par un matériau provoque l'excitation des molécules et la promotion d'un des deux électrons de spins opposés depuis son état fondamental vers un premier état excité.

L'excitation la plus faible correspond à la transition d'un électron de l'orbitale (HOMO), vers l'orbitale (LUMO). Lorsqu'un électron du niveau fondamental est promu vers un état excité, le spin est en principe inchangé de telle sorte que le spin de l'état excité reste égal à zéro ($S = \sum S_i$ avec $S_i = 1/2$). Puisque la multiplicité des états excités et du fondamental vaut 1 (m=2S+1=1), ils sont appelés états singulets et sont notés S_0 pour l'état fondamental et S_1, ... S_i pour les états excités.

Une molécule dans l'état fondamental peut se convertir en un état dont l'électron promu change de spin, on a donc deux électrons de spin parallèles, et le système a un spin S=1 et une multiplicité (m_s=3), un tel état est appelé état triplet car il correspond à 3 états de même énergie. On note T_i les différents états excités triplets (figure 6).

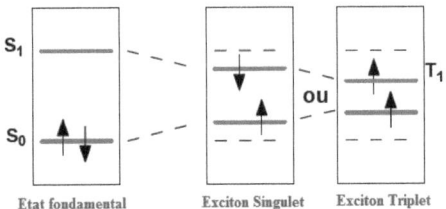

Figure 6: Schématisation des états excités singulets et triplets.

D'après la règle de Hund l'état triplet a une énergie plus basse que celle de l'état singulet de la même configuration. Cette règle découle du principe de Pauli qui ne permet pas à deux électrons de même spin d'occuper le même état quantique, et la répulsion coulombienne entre eux est donc moins forte qu'entre électrons de spins opposés.

Le diagramme de Jablonski (figure7) résume les niveaux d'énergie d'une molécule organique ainsi que les différents processus entre ces états (absorption, fluorescence, phosphorescence, croisement inter-système et conversion interne).

Les états singulets sont plus élevés en énergie que les états triplets. Par les règles de combinaison des spins électroniques, les électrons excités se répartissent pour 75% en état triplet et 25% en état singulet.

D'après le principe de Pauli deux électrons de même spin ne peuvent occuper le même état et la répulsion coulombienne entre eux est donc moins forte qu'entre électrons de spins opposés. C'est pour cette raison que l'énergie des niveaux triplets est inférieure à celle des singulets (règle de Hund).

Les différents processus possibles entre ces états sont :

  ↓ Absorption : D'après les règles de sélection ces transitions ne sont possibles qu'entre états de même multiplicité de spin, les seules transitions permises sont donc : $S_1 \to S_m$ et $T_1 \to T_m$ (1,m=0,1,2...)

- Fluorescence : La fluorescence provient de la désactivation radiative du niveau singulet excité le plus bas (S_1) et son déclin est de l'ordre de 10^{-8} s, ce qui est grand devant la durée de vie limité par relaxation vibrationnelle de ses niveaux vibroniques ($\approx 10^{-12}$ s).

- Phosphorescence : elle est due à une transition en principe interdite du niveau triplet le plus bas (T_1) vers le fondamental, elle se fait avec une durée de vie radiative qui peut varier entre 10^{-6} et 10 s.

- Croisement inter-système : Le croisement inter-système correspond à une transition non radiative entre états de multiplicité de spin différente (entre états singulets et états triplets). Ainsi par exemple les états triplets étant difficilement peuplés par absorption directe à partir du fondamental S_0 peuvent être atteints à partir des singulets par croisement inter-système. La durée de vie de ce processus est de (10^{-10}-10^{-8} s), et nécessite un changement de spin de l'électron.

- Conversion interne : la conversion interne (CI), est une transition non radiative entre les états de même multiplicité de spin. C'est la dissipation d'énergie à l'environnement par vibration ou rotation des molécules en un temps très court de l'ordre de 10^{-12} à 10^{-9} s.

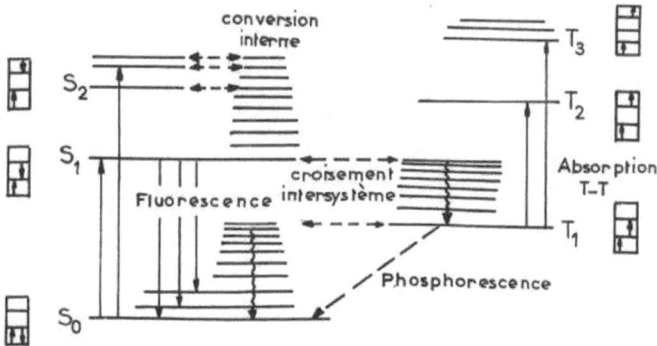

Figure 7: Diagramme de Perrin-Jablonski représentant l'absorption, la fluorescence, la phosphorescence, la conversion interne CI et le croisement inter-système CIS.

3. Structure de bandes dans un semi-conducteur organique

3.1 Bandes d'énergie

Dans le paragraphe 2 nous avons traité le cas d'une molécule isolée, or un semi-conducteur organique (solide) est formé de l'assemblage d'un grand nombre de molécules. Et c'est ici où se situe la principale différence entre semi-conducteurs inorganiques et semi-conducteurs organiques. Dans le cas des semi-conducteurs inorganiques, les atomes sont liés par liaisons covalentes fortes, alors que dans le cas des semi-conducteurs organiques, les molécules interagissent par les forces de Van der Walls qui sont faibles de sorte que la molécule garde son individualité dans l'édifice organique.

Cette différence a des impacts sur la structure de bandes et le transport de charges. La notion de bandes devient plus importante que le nombre d'atomes, comme le montre l'exemple du poly-para-phénylène-vinylène (PPV) (Figure 8)

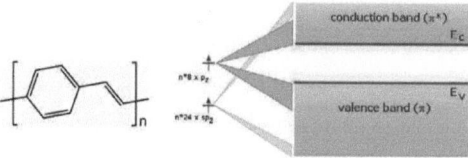

Figure 8 : Diagramme énergétique du PPV.

3.2 Excitons

L'absorption d'un rayonnement UV-vis induit un état excité qui est une combinaison linéaire des états localisés sur l'ensemble des molécules du cristal. Cette description donnée par Frenkel en 1931 a été reprise un peu plus tard par Mott-Wannier en 1937 dans le cas des semi-conducteurs conventionnels. Il a montré, en outre, que la transition inter-bande dans ce type de composé fait intervenir deux particules à savoir l'électron et le trou. L'ensemble de ces deux charges de signe opposé séparées par une distance r et liées par l'interaction coulombienne, peut être traité comme une quasi-particule neutre appelée "exciton". Les deux descriptions données par Frenkel et Wannier correspondant à deux cas limites suivant le rayon qui sépare les deux charges (figure 9). La différence essentielle entre les deux types d'excitons est que dans le premier cas l'électron ne voit que le trou et l'ensemble subit l'effet du champ cristallin moyen. Alors que dans le second cas l'électron voit aussi bien le trou que les détails du champ cristallin. Il existe, cependant, un cas intermédiaire où le rayon séparant les deux charges n'est ni assez grand pour être décrit par le modèle de Wannier ni assez petit pour rentrer dans celui de Frenkel. Cette catégorie d'exciton existe principalement dans les sels transfert de charges d'où l'appellation "exciton transfert de charge".

Un exciton est une quasi-particule électriquement neutre, qui est formée d'une paire électron-trou crée par excitation optique ou par une double injection de porteurs de charge. Différents types d'interactions peuvent intervenir au sein de cette quasi-particule ou lors de son déplacement : interaction coulombienne entre l'électron et le trou, interactions liées aux forces interatomiques, interaction dipôle-dipôle du système excité. Cependant cette classe de quasi-particules peut être catégorisée selon deux aspects : le premier étant lié à l'étendue spatiale de la paire (électron-trou), propriété qui dépend essentiellement de la constante diélectrique du matériau, le deuxième étant lié à la multiplicité de spin.

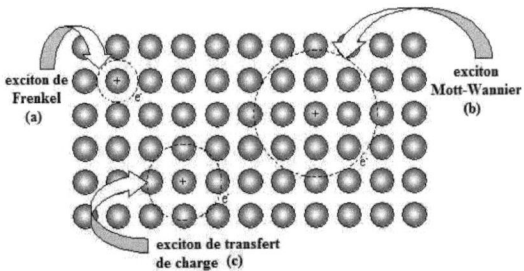

Figure 9 : (a)exciton de Frenkel,(b) exciton de Mott-Wannier, (c)exciton de transfert de charges.

Dans le cas des matériaux organiques les excitons mises en jeu sont les excitons de Frenkel. L'exciton singulet a une longeur de diffusion de quelques centaines d'Angström et sa durée de vie est courte de 10^{-8}s [12].

L'exciton triplet se caractérise par sa basse énergie d'excitation et par sa longue durée de vie (quelques ms) et une grande longueur de diffusion (quelque μ) [13], ce qui lui permet d'échantillonner un grand volume du matériau et d'interagir à courte ou à longue distance avec d'autres excitations ou porteurs de charges.

4. Phénomènes de conduction dans les semi-conducteurs organiques

La compréhension des mécanismes de conduction est fondamentale pour l'amélioration des performances des dispositifs optoélectroniques. Ces mécanismes dépendent à la fois de la nature des porteurs impliqués et des propriétés physiques du milieu où s'effectue le transport. Les porteurs peuvent être intrinsèques à ce milieu ou introduits par injection ou par dopage.

4.1 Nature de charges dans le semi-conducteur

La différence fondamentale entre les semi-conducteurs inorganiques et les matériaux organiques réside dans la grande faculté de déformation des molécules organiques, situation qui est différente du cas des semi-conducteurs où les liaisons des atomes constitutifs qui sont de nature covalente sont beaucoup moins déformables. Ainsi, l'introduction d'une charge sur la chaine conjuguée ne se traduit pas nécessairement par la présence d'un électron dans la bande de conduction ou d'un trou dans la bande de valence, mais déforme localement la chaine conjuguée et crée un défaut par simple et double liaison. La déformation la plus coûteuse de point de vue énergétique est la permutation d'une simple et d'une double liaison. Deux cas peuvent se présenter :

- Si la permutation des liaisons conduit à une structure d'énergie différente, on parle de système non dégénéré car les deux formes résonantes aromatique et quinonique ne sont pas équivalentes. Ce cas correspond à la majorité des polymères conjugués.

- Si par contre, la structure obtenue après permutation des liaisons a la même énergie, on parle de système dégénéré comme dans le cas de polyacétylène (figure 10)

33

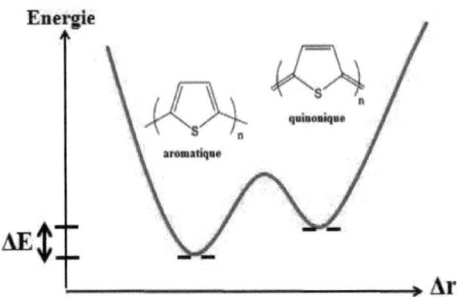

Figure 6: forme aromatique et quinonique.

L'interaction charge/déformation donne alors naissance à une autre quasi-particule, qu'on appelle polaron et qui est associée à deux niveaux d'énergies localisés dans la bande interdite. Si une seconde charge est introduite, soit un deuxième polaron peut naître sur un autre niveau d'énergie, soit la charge se place sur le défaut déjà existant, formant ainsi un bipolaron. La formation d'un polaron et la formation d'un bipolaron sont deux phénomènes en compétition. D'un point de vue énergétique, la formation de bipolaron est plus favorable [14] que celle de deux polarons mais les répulsions coulombiennes [15] peuvent favoriser la création de polarons à partir de la dissociation des bipolarons. La formation de polarons ou de bipolarons a pu être mise en évidence à partir de mesures de résonance paramagnétique électrique (RPE).

4.2 Dopage des polymères

Les matériaux organiques sont en général isolants à l'obscurité et on ne peut disposer des charges intrinsèques. Pour les rendre conducteurs, on doit soit injecter des porteurs de charges par des électrodes adéquates ou par dopage, soit les éclairer par un rayonnement électromagnétique convenable. Le dopage des polymères est différent de celui des semi-conducteurs inorganiques, car les impuretés dopantes sont introduites à proximité des chaines et non insérés dans le réseau cristallin. Il existe différentes méthodes de dopages :

- Le dopage chimique : qui peut s'effectuer en phase gazeuse par introduction de molécules dopantes ou en phase liquide en mélangeant en solution le polymère et les agents dopants.

- Le dopage électrochimique : où le polymère est placé sur une électrode métallique et plongé dans une solution organique comportant une électrode de référence (Pt, Li…). L'application d'une tension entre les deux électrodes entraine l'ionisation du polymère et donc son dopage.

- Le dopage par implantation ionique : où le polymère déposé en film mince, est bombardé par des ions alcalins (Na+, Cs+…) qui génère des défauts par rupture des liaisons chimiques.

Comme le montre la figure 11 les polymères dopés peuvent présenter une variation de conductivité sur plus d'une quinzaine d'ordres de grandeurs, cette conductivité peut être ajustée par le taux de dopage du polymère ce qui permet d'accéder à des matériaux possédant des propriétés électriques contrôlées.

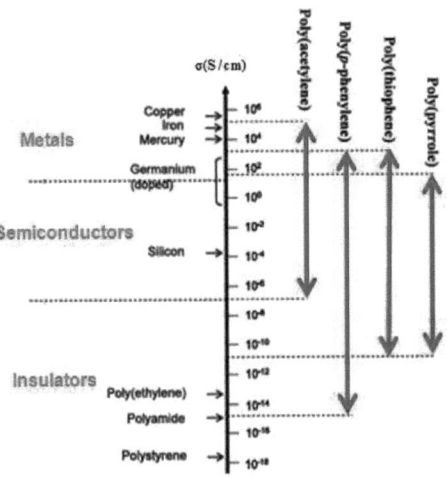

Figure 7 : Conductivité électronique des polymères conjugués avec différent degré de dopage.

4.3 Mécanisme de transport des charges dans les semi-conducteurs organiques

Il y a de grandes différences entre les semi-conducteurs inorganiques dits conventionnels et les semi-conducteurs organiques : Cette différence se manifeste au niveau des réseaux cristallins des semi-conducteurs conventionnels qui sont caractérisés par des liaisons covalentes entre les atomes, liées et ordonnées sur de grandes étendues, ce qui fait qu'un électron qui passe dans la bande de conduction devient délocalisé et son mouvement au sein de cette bande est caractérisé par un libre parcours moyen assez grand. Ainsi les bandes d'énergies sont délocalisées sur de longues étendues et séparées par une bande d'énergie interdite appelée « gap ». Le facteur limitant la mobilité est la diffusion des charges lors de leur déplacement au sein du conducteur. Cette diffusion est due à la vibration du réseau et à la présence d'impuretés diffusantes. Cependant, le nombre de vibrations du réseau diminue en abaissant la température, la mobilité des porteurs de charges est plus importante quand la température est plus basse. Les « sources » de diffusion se traduisent par des dépendances en $T^{3/2}$ et $T^{-3/2}$ de la mobilité respectivement pour les impuretés et les phonons. (figure 12)

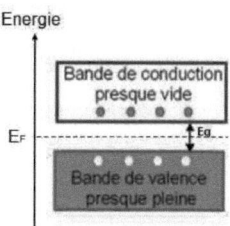

Figure 8: Schéma descriptif d'un semi-conducteur inorganique.

Le cas est différent dans les semi-conducteurs organiques, où la cohésion des entités constitutives de base (les molécules) est assurée par des liaisons de type Van der Waals (les liaisons intramoléculaires sont plus fortes). Les interactions entre molécules sont donc faibles et en conséquence le libre parcours moyen est de l'ordre de l'espace intermoléculaire. Dans les semi-conducteurs organiques on peut parler de deux types de conduction dans un matériau organique : une conduction au sein de la molécule (ou de la chaîne polymère) assurée par la délocalisation des électrons π et une autre appelée conduction par sauts (*hopping*) qui assure le déplacement de la charge d'un site moléculaire à un site moléculaire voisin. Le saut d'une charge d'un site moléculaire à un site voisin se fait par effet tunnel entre deux états localisés. Ce type de conduction est responsable des faibles valeurs de la mobilité dans les semi-conducteurs organiques comparées à celles dans les semi-conducteurs conventionnels. La figure 13 schématise ce phénomène de conduction par sauts entre les états localisés.

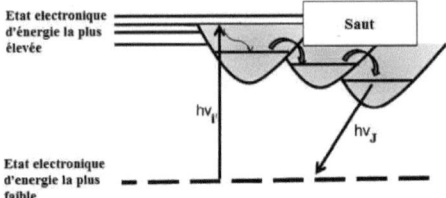

Figure 9: Représentation schématique du transport par saut dans les polymères conjugués.

En général, la conductivité dans les matériaux organiques dépend de la température et la conduction par saut est assisté par les phonons, selon le modèle de saut à distance variable (*variabe rane hopping*), la probabilité de saut $\nu_{i \to j}$ d'un état occupé i d'énergie E_i à un état inoccupé j d'énergie E_j tel que $E_i < E_j$ s'écrit :

$$\nu_{i \to j} = \nu_0 \exp\left(-\frac{E_j - E_i}{kT} \right) \exp\left(-2\alpha R_{ij} \right) \tag{1}$$

Cette probabilité selon Mott, résulte de deux processus différents, chacun d'entre eux décrit par une probabilité

$\exp\left(-\dfrac{E_j - E_i}{kT} \right)$: Facteur de Boltzmann

$\exp\left(-2\alpha R_{ij} \right)$: Facteur proportionnel au taux de recouvrement des fonctions d'onde ϕ_i et ϕ_j associées respectivement aux sites i et j,

où $\dfrac{1}{\alpha}$ représente la longueur de localisation ou encore le rayon de localisation des fonctions d'ondes.

5. Caractéristiques densité de courant-tension à l'obscurité

D'une manière générale le courant électrique à travers un dispositif électronique tel que les diodes, peut être affecté par des phénomènes d'interface et/ou du volume. Par la suite on se propose de passer en revue les deux types de phénomènes qui limitent le courant.

5.1 Courant limité par l'interface

L'étude de l'interface dans le domaine des semi-conducteurs organiques s'avère plus complexe que dans celui des semi-conducteurs inorganiques. En effet, ces matériaux ne peuvent, en général, pas être obtenus dans un état de grande pureté. Dans le cas d'un contact redresseur entre l'électrode et le semi-conducteur organique, l'injection des porteurs de charge peut être contrôlée par deux mécanismes, émission par effet tunnel et émission par effet Schottky ou encore effet thermoïonique

5.1.1 Effet tunnel

L'injection par effet tunnel est régie par l'équation de Fowler-Nordheim [16] dans laquelle la densité de courant J s'exprime en fonction du champ électrique E.

$$J = A.E^2 \exp\left(-\frac{B}{E}\right) \tag{2}$$

où E est l'intensité du champ électrique appliqué, m la masse du porteur de charge et ϕ_0 hauteur de la barrière

$$A = \frac{q^3}{8\pi h \phi_0} \quad , \quad B = \frac{8\pi \sqrt{2m}\phi_0^{3/2}}{3h}$$

La quantité des porteurs de charges traversant la barrière de potentiel par unité de temps dépend de la forme de celle-ci et du nombre d'états disponibles dans la bande de conduction du matériau. A forts champs, la forme de la barrière de potentiel vue par les porteurs devient triangulaire et très étroite.

5.1.2 Emission thermoïonique

La forme réelle de la barrière de potentiel peut être évaluée en tenant compte de la force image. La force image présente l'attraction que subit un électron lorsqu'il quitte le métal pour atteindre la bande de conduction du matériau, cet effet se traduit par un abaissement de la barrière d'injection :

$$J = A.T^2 \exp\left(-\frac{\phi_0 - \beta_S \sqrt{E}}{kT}\right) \qquad (3)$$

Avec A : constante de Richardson Schottky-Dunhman, définie par $A = \frac{qm^*k^2}{h^3}$, m^* est la masse effective de l'électron, h est la constante de Planck, q est la charge des porteurs, ϕ_0 est la hauteur de la barrière du potentiel à l'interface métal/semi-conducteur, k est la constante de Boltzmann, T est la température (Kelvin) et β_S est la constante de Schottky et est définie par $\beta_S = \sqrt{\frac{q^3}{4\pi\varepsilon_r\varepsilon_0}}$.

5.2 Courant limité par le volume

Une fois que les charges injectées par l'électrode au sein de la couche active, la caractéristique densité de courant-tension dépend de la distribution des pièges. En effet, les matériaux organiques ne sont pas parfaits et comportent différents types d'impuretés physiques ou chimiques (dislocations, défauts ponctuels, atomes ou molécules étrangères...) qui peuvent interagir avec les porteurs injectés et contrôler en volume la densité de porteurs et donc la forme des caractéristiques J-V.

5.2.1A faible tension de polarisation

Aux basses tensions, les caractéristiques J(V) présentent un comportement linéaire, la conduction est ohmique et la densité de courant est donnée par la loi d'Ohm :

$$J_{ohm} = qn_0\mu\frac{V}{d} \qquad (4)$$

Avec n_0 est la densité d'électrons à l'équilibre, μ est la mobilité des porteurs, d est l'épaisseur du matériau.

5.2.2 A moyenne tension de polarisation

Pour des tensions moyennes l'absence ou la présence des pièges dans la couche active influe sur la densité de courant, dans ce cas on distingue deux cas différents : Cas d'un matériau sans pièges et cas d'un matériau avec pièges.

➤ Cas d'un matériau sans pièges

La densité de courant d'un matériau sans pièges suit la loi de Child [17] :

$$J_{sp} = \frac{9}{8} \varepsilon \mu \frac{V^2}{d^3} \tag{5}$$

avec d l'épaisseur du matériau et V la tension appliquée.

La tension correspondant à la transition entre le régime ohmique et le régime de charge d'espace est :

$$V_{trans} = \frac{9}{8} \frac{q n_0 d^2}{\varepsilon} \tag{6}$$

➤ Cas d'un matériau avec pièges

Dans ce cas la densité de courant dépend de la distribution des pièges, pour une tension appliquée, la densité de courant est abaissée à cause du piégeage des porteurs libres par des pièges dans la couche active.

On distingue deux cas suivant la profondeur des pièges dans le gap.

❖ Pour des pièges peu profonds

Si les pièges sont localisés à proximité de la bande de conduction, la densité de courant est proche de celle obtenue par la loi de Child :

$$J_{pl} = \frac{9}{8} \varepsilon \mu \theta \frac{V^2}{d^3} \tag{7}$$

où θ est la fraction de porteurs libres. Dans ce cas le facteur $\mu\theta$ est appelé mobilité effective des porteurs en présence des pièges.

❖ **Pièges profonds**

Lorsque les pièges sont profonds la densité de courant n'est plus quadratique avec la tension et dépend de la distribution énergétique des pièges qui peut être gaussienne ou exponentielle. Dans le cas de la distribution exponentielle qui est la plus fréquente on a :

$$n_i \propto \exp\left(\frac{-E}{kT_c}\right) \tag{8}$$

où E est l'énergie d'un niveau de piège repérée par rapport au bas de la bande de conduction et kT_c est l'énergie caractérisant la distribution des pièges.

Dans ces conditions la densité des courants peut s'écrire :

$$J_{ppe} \propto V^{m+1} \tag{9}$$

avec $m \cong \frac{T_c}{T} \geq 1$.

La transition entre le régime ohmique et celui de la charge d'espace intervient pour une tension V_t. Au delà de cette valeur de transition, il y aura un remplissage progressif des pièges jusqu'au remplissage de tous les pièges, la caractéristique rejoint alors celle d'une conduction sans pièges représentée par la loi de Child. La tension de passage est appelée V_{TFL}, elle est donnée par cette expression [18]:

$$V_{TFL} = \frac{qN_t d^2}{2\varepsilon} \tag{10}$$

où N_t est la densité totale des pièges.

5.2.3 Effet Poole-Frenkel

Cet effet est lié à l'existence de pièges dans la couche active organique. Il traduit un effet de volume avec un courant qui dépend de l'épaisseur de la couche organique. Lorsqu'on polarise le matériau, l'augmentation du champ électrique entraîne la libération des électrons piégés, qui sont émis soit dans la bande de conduction, soit dans un piège voisin (effet Poole).

On voit que l'effet Poole-Frenkel et l'effet Schottky conduisent à la même relation de dépendance du courant avec la tension appliquée, bien qu'ils traduisent deux mécanismes différents.

$$J = \sigma_0 . E \exp\left(-\frac{\phi_0 - \beta_{PF}\sqrt{E}}{kT} \right) \qquad (11)$$

Avec $\beta_{PF} = 2\beta_S = \sqrt{\dfrac{q^3}{\pi \varepsilon_r \varepsilon_0}}$, E est le champ électrique, ϕ_0 est la hauteur de la barrière.

Au total, l'allure de la caractéristique densité de courant-tension (J-V) dans les différentes régions peut être représentée par la figure 14.

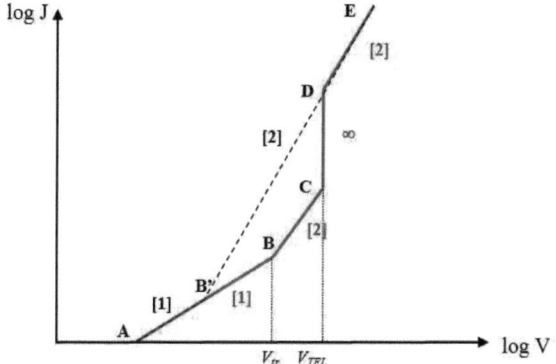

Figure 10: Caractéristique asymptotique de J(V) limitée par la charge d'espace, (-----) sans piège, [i=1...n] pente théorique.

Où les différents domaines sont :

[AB'] : domaine de la loi d'Ohm, absence de pièges dans le matériau. La densité des porteurs de charge injectés est inférieure à la densité des porteurs à l'équilibre thermique en l'absence de tension de polarisation.

43

[AB] : domaine de la loi d'Ohm, présence de pièges dans les matériaux. Le remplissage des pièges contribue également à la formation de la charge d'espace.

[B'-D-E]: région du courant limité par charge d'espace (SCLC) dans le cas d'un matériau sans pièges.

[BC] : courant limité par la charge d'espace avec pièges peu profonds.

[CD] : courant limité par la charge d'espace avec pièges profonds.

Le tableau 1 récapitule les différents modes de conduction détaillés dans les paragraphes précédents.

Tableau 1 : Modèles théoriques de conduction régies par l'interface et le volume d'un matériau organique

	Type de conduction	Relation densité-courant
Courant limité par l'interface	Effet Tunnel	$J \approx V^2 \exp\left(\dfrac{-b}{V}\right)$
	Emission thermoïonique	$J \approx \exp\left(aV^{1/2}/kT\right)$
Courant limité par le volume	Ohmique	$J \approx \alpha V$ pour V faible
	SCLC	$J \approx V^{m+1}$
	Poole-Frenkel	$J \approx V\exp\left(aV^{1/2}/kT\right)$

6. Dispositifs optoélectroniques à base de polymères

Ces dernières décennies, une recherche intensive est menée dans le domaine des matériaux organiques conjugués pour l'élaboration des dispositifs optoélectroniques c'est l'électronique organique ou plastique dont les applications sont nombreuses et diversifiés en énergétique, en médecine, dans l'environnement...On peut citer à titre d'exemple les transistors à effet de champs, les capteurs ioniques, les diodes électroluminescentes et les cellules photovoltaïques. La figure 15 illustre quelques uns de ces dispositifs :

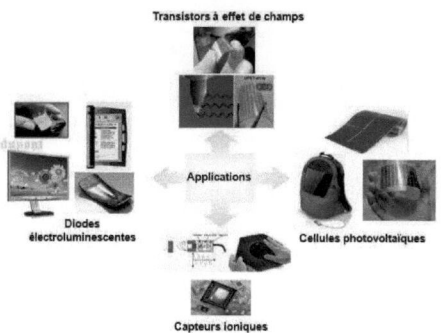

Figure 11: Applications des matériaux organiques.

Nous allons présenter seulement les applications des matériaux organiques qui sont potentiellement importantes pour les matériaux hybrides, plus particulièrement les applications optoélectroniques.

6.1 Transistors organiques

Un transistor à effet de champs *Field Effect Transistor* (FET) est un dispositif électronique capable d'amplifier des courants électriques. Depuis le premier FET réalisé à base de polymère en 1986, les progrès n'ont cessé d'augmenter en franchissant un pas significatif depuis la fin des années 90. Un transistor est constitué d'un réservoir de charge : source, d'un récepteur de charge : drain et d'un dispositif de contrôle : grille (figure 16). Les transistors assurent des fonctions essentielles au stockage et au traitement de l'information : interrupteur ou amplificateur de courant.

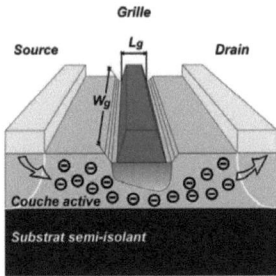

Figure 12: Structure d'un transistor à effet de champs.

A l'inverse de leurs analogues en silicium, les semi-conducteurs organiques peuvent être déposés sous forme de films minces sur des supports flexibles par sublimation, ou par des procédés d'impressions de types jet d'encre ou offset à partir des produits solution[19]. Bien que plus lents que les semi-conducteurs minéraux, les FETs offrent des performances suffisantes pour la réalisation de circuit intégrés, de dispositifs pour l'affichage (écrans plats) ou encore en micro-électronique.

Les performances des transistors sont caractérisées par deux paramètres :

- Le rapport d'amplification ON/OFF doit être supérieur à 10^6 pour aboutir à des applications commerciales.
- La mobilité des porteurs des charges qui décrit leur facilité de déplacement dans le canal conducteur. Cette mobilité doit être de l'ordre de 10^{-1} cm^2/V.s pour que les transistors organiques puissent concurrencer les transistors conventionnels [20].

Des recherches récentes, ont conduit aux transistors ambipolaires à effet de champ capable de conduire les électrons et les trous [21], tels que les transistors émetteurs de lumière [22].

6.2 Capteurs organiques

Un capteur est un dispositif transformant une grandeur physique caractéristique d'un phénomène lié à une espèce donnée en une grandeur mesurable (tension, intensité, capacité...) en utilisant une loi physique. Il est composé de deux éléments, le premier élément constitue le récepteur qui assure la reconnaissance spécifique de l'espèce à détecter. Le deuxième est le transducteur qui permet la conversion d'une grandeur chimique présente en solution en une grandeur physique mesurable traduite par un signal électrique.

Les capteurs organiques en particulier utilisent souvent des couches minces dont la fluorescence conduit à une bonne reconnaissance des espèces à travers les techniques d'imagerie comme c'est le cas des capteurs CMOS développé par Panasonic et Fujifilm en 2013, et qui offrent une sensibilité plus grandes que celles des capteurs classiques (figure 17).

D'autres capteurs organiques utilisent d'autre phénomènes tels que la conductivité, la photoconductivité, la variation d'indice de réfraction....

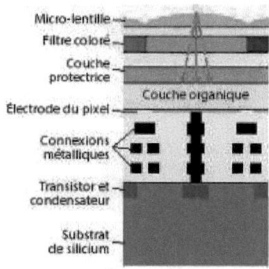

Figure 13: Structure d'un capteur organique.

6.3 Diodes électroluminescentes organiques

Une diode électroluminescente organique est un composant qui permet de produire de la lumière. L'électroluminescence a été découverte dans les années 1960, la génération de la lumière après une excitation électrique dans l'anthracène a ouvert un nouveau champ de recherche. Le premier brevet est déposé en 1987 par la société Kodak et la première application commerciale est apparue vers 1997, mais un important progrès a été fait lorsque le groupe de Richard Friend a fabriqué une diode organique (OLED) à base d'un polymère conjugué [23]. A partir de cette période, les OLEDs sont commercialisées et utilisées dans de nombreuses applications.

La structure d'une OLED consiste en une couche ou une superposition de plusieurs couches de matériaux organiques en sandwich entre une cathode constituée d'un métal injecteur d'électrons tel que le calcium et une anode constituée d'un matériau injecteur de trous et transparent tel que l'ITO.

La technologie OLED est utilisée pour l'affichage dans le domaine des écrans plats. En raison des propriétés des matériaux utilisés pour les concevoir, les OLEDs possèdent des avantages intéressants par rapport à la technologie dominante des afficheurs à cristaux liquides (LCD). En effet les propriétés électroluminescentes des OLEDs présentent d'excellents contrastes et une meilleure luminosité pour une épaisseur moindre. La flexibilité de ces matériaux offre aussi la possibilité de réaliser des écrans souples et ainsi de les intégrer sur des supports très variés comme les plastiques ou certains tissus (figure 18).

Figure 18: Structure d'une diode [24].

6.4 Cellules photovoltaïques organiques

Une cellule photovoltaïque est un dispositif électronique qui, exposé à la lumière produit de l'électricité grâce à l'effet photovoltaïque qui est à

48

l'origine du phénomène. Le courant obtenu est en général, proportionnel à la puissance lumineuse incidente.

Le fonctionnement d'une cellule photovoltaïque organique peut être envisagé comme l'inverse de celui d'une diode électroluminescente. L'absorption de photons à travers une électrode conduit à la formation d'excitons qui peuvent se dissocier en donnant des porteurs dont l'entrainement par le champ électrique interne de la cellule conduit à un courant électrique (figure 19).

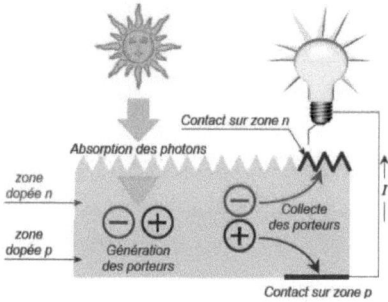

Figure 19: structure d'une cellule photovoltaïque organique.

L'application photovoltaïque à base des matériaux organiques a été envisagée depuis les années 1970, notamment avec les travaux de *Shirakawa et al.* sur le développement des polymères semi-conducteurs [25]. Il faut attendre 1985 [26] pour que la première cellule photovoltaïque organique possédant un rendement de 1% soit fabriquée. L'utilisation de structures plus modernes pour la conception de ces cellules a commencé en 1992 avec l'utilisation du poly[2-méthoxy-5-(2-éthyl-hexyloxy)-1,4-phénylène-vinylène] (MEH-PPV), et de fullerènes C_{60} et l'étude de leurs propriétés de transfert des porteurs de charges [27]. Depuis, les rendements des cellules photovoltaïques organiques n'ont cessé de croitre comme le montre la figure 20, pour atteindre le record de 12% en 2013 pour une cellule d'une surface active égale à 1.1 cm^2 synthétisée par la société allemande Heliatek, cette cellule est à base de deux oligomères déposés par évaporation sous vide.

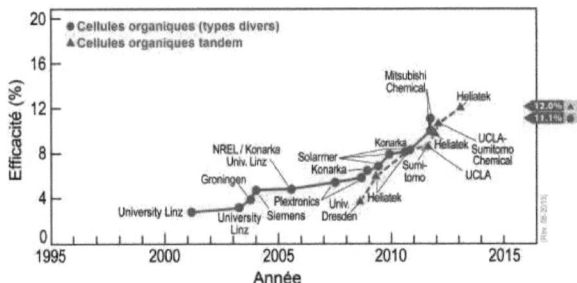

Figure 20 : Performances des cellules solaires organiques (approuvées par le NREL).

Il existe 3 trois types de cellules photovoltaïques organiques : les cellules monocouches, les cellules bicouches et les cellules à hétérojonction en volume.

6.4.1 Cellules monocouches

L'architecture monocouche repose, comme son nom l'indique, sur le principe d'intercalation d'une couche organique (à base d'un polymère) entre deux électrodes métalliques possédant différents travaux de sortie. Elle représente la première génération de dispositifs photovoltaïques organiques [28]. La figure 21 illustre la structure Métal-Isolant-Métal (MIM) lorsqu'il n'y a aucune tension aux bornes de la cellule.

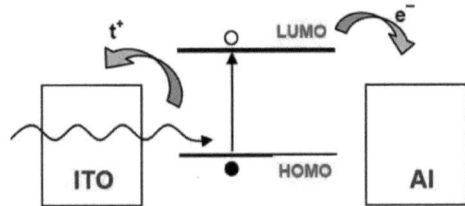

Figure 21:Représentation d'une cellule photovoltaïque monocouche.

Pour comprendre le comportement rectifiant, on utilise souvent le modèle de Schottky (Métal-Isolant-Métal (MIM)).

Dans cette structure le semi-conducteur organique s'apparente à un isolant. Le champ intrinsèque qui apparait au sein de la couche active est dans ce cas dû à la différence des travaux de sortie de l'anode(ϕ_A) et de la cathode(ϕ_C). L'égalisation des niveaux de Fermi lors de la mise en contact avec la cathode (Aluminium) fait apparaître une différence de potentiel entre l'anode et la cathode qui s'exprime par :

$$\Delta V_{int} = \frac{\phi_C - \phi_A}{e} \qquad (12)$$

Le champ intrinsèque s'écrit alors :

$$E_{int} = \frac{\Delta V_{int}}{d} \qquad (13)$$

6.4.2 Cellules bicouches

Le système bicouche (nommé aussi jonction P/N) se compose de deux couches organiques de natures différentes donneur et accepteur. L'ensemble est déposé entre deux électrodes. L'idée de remplacer la structure Schottky par une structure bicouche est venue afin d'extraire efficacement les charges libres car, dans la plupart des semi-conducteurs organiques, les excitons photo-générés sont fortement liés (énergie de liaisons 0.2-1.0 eV) et donc se dissocient difficilement. L'ajout de la seconde couche favorise ainsi la dissociation des excitons à leur interface. La structure du dispositif bicouche est schématiquement illustrée sur la figure 22.

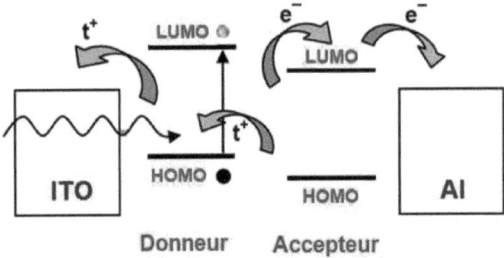

Figure 22: Représentation d'une cellule photovoltaïque bicouche.

L'hétérojonction bicouche formée entre les matériaux donneur et accepteur, est donc due aux différences entre le potentiel d'ionisation du donneur et l'affinité électronique de l'accepteur. Les excitons photogénérés dans des dispositifs bicouches peuvent seulement être quantitativement dissociés à l'interface donneur/accepteur ; ainsi, la diffusion des excitons est limitée dans le dispositif. Les excitons, créés dans l'une des phases, doivent diffuser selon leur durée de vie afin d'atteindre l'interface D/A et se dissocier. Ainsi, seulement une partie des photons absorbés contribue à la génération du courant, les autres charges pouvant être recombinées de nouveau d'une manière radiative (émission de la lumière).

6.4.3 Cellules à hétérojonctions en volume (BHJ)

Les hétérojonctions en volume (*bulk heterojunction*) sont appelés aussi systèmes à réseau interpénétré (figure 23). Dans cette configuration, la dissociation des excitons s'effectue dans l'ensemble du volume de la couche photo-active alors que, dans le cas des structures bicouches, elle procède au niveau d'une seule interface plane intervenant entre le donneur et l'accepteur, ce qui de permet de multiplier les zones interfaciales entre les deux matériaux (donneur D et l'accepteur A) et de réduire ainsi les pertes par recombinaison des excitons photogénérés dans tout le volume. Contrairement aux structures bicouches, la plupart des excitons peut atteindre l'interface D/A indépendamment de l'épaisseur du composite.

La couche active organique dans le cas des structures à réseau interpénétré, peut être obtenue différemment selon notre choix, à partir de mélange de matériaux aux propriétés donneur/accepteur, L'utilisation d'une seule couche composée d'un mélange D et A en volume permet une amélioration significative des performances des cellules photovoltaïques organiques, cette structure a été largement étudiée pour sa meilleure configuration. Il est également possible d'utiliser un mélange de deux polymères dans le but d'améliorer l'absorption en baissant les niveaux énergétiques des matériaux (meilleure correspondance avec le spectre solaire), plusieurs travaux de recherche ont été menés dans cet objectif [29,30].

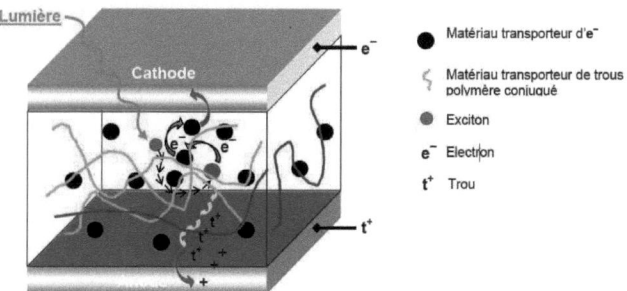

Figure 23: Représentation d'une cellule photovoltaïque BHJ d'après [31].

7. Polymères utilisés

Nous avons, dans ce travail, utilisé deux types de polymères conjugués le poly(vinyl carbazole) (PVK) de structure aromatique et le poly(3-hexylthiophène) (P3HT) qui appartient à la famille des polytiophènes . Ces deux polymères possèdent des caractéristiques propices à l'élaboration des cellules photovoltaïques, ils sont en effet stables, solubles dans plusieurs solvant organiques et absorbent et émettent dans l'UV-vis .

7.1 Le PVK

Le poly(vinyl carbazole) (PVK) est un polymère de vinyl avec répétition du polycycle carbazole. Il a été synthétisé pour la première fois en 1934 par Grazulevicious et ses collaborateurs [33]. Le PVK est le résultat de la polymérisation du monomère N-Vinylcarbazole, sa formule chimique est $(C_{14}NH_{11})_n$ et sa structure est représentée ci-dessous. Le poly(vinyl carbazole) est un polymère thermoplastique transparent, avec une bonne stabilité thermique et chimique [34]. Le PVK possède également un indice de réfraction élevé de 1,69. Il est fragile et ses propriétés mécaniques ne sont pas excellentes. Le PVK est un homopolymère dont l'unité représentative est représentée sur la figure 24 .

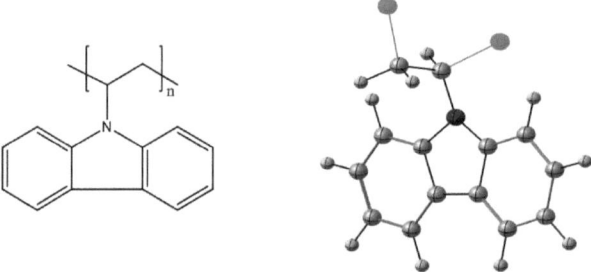

Figure 24 : Structure développée de PVK.

Parmi les caractéristiques de ce matériau citons sa solubilité dans les hydrocarbures aromatiques comme le chloroforme, le chlorobenzène, le tetrahydrofuran …Il est insoluble dans les alcools, les esters, les tetrachlorures du carbone et les cétones.

Le PVK demeure néanmoins un matériau très intéressant en particulier pour ses propriétés photoconductrices. C'est un bon isolant à l'état neutre, lorsqu'il est à l'abri de la lumière, avec une faible conductivité de l'ordre de 10^{-14} à 10^{-16} S.cm^{-1} [35], qui devient un excellent conducteur électrique lorsqu'il est soumis au rayonnement ultraviolet. Lorsqu'il est soumis à une forte irradiation laser, il peut changer d'indice de réfraction et on peut alors le considérer comme un matériau photoréfringent. Son énergie de gap est de l'ordre de 3.3-3.5 eV, la bande énergétique HOMO est de l'ordre 5 eV à et la bande énergitique LUMO est de l'ordre de 2 eV [36].

Le PVK possède aussi d'excellentes propriétés électroniques notamment une faible perte diélectrique, impliquant que le domaine d'absorption du PVK est entièrement situé dans la partie UV avec un maximum d'absorption à 350 nm, et une émission dans la région bleu-violet [37]. La bonne résistance tant chimique que thermique du PVK, combinée avec ses bonnes propriétés électriques, lui a permis de devenir un matériau très utilisé dans l'industrie électronique. Dès 1938, il fut utilisé pour la xérographie inventée par Carlson [38] et ses propriétés photoconductrices et photoréfringentes lui ont redonné un intérêt pour des domaines tels que l'holographie, l'optoélectronique, l'électroluminescence, l'optique non linéaire et le stockage électronique de données [39].

Le grand intérêt des polymères carbazoliques est basé sur la photoconductivité du groupement carbazole découverte par H. Hoegl [40] pour le PVK. Plus tard, il a été montré que le PVK devenait sensible en présence d'accepteurs d'électrons et que ce matériau présentait alors une photoconductivité plus élevée.

7.2 Le P3HT

Le poly(3-hexylthiophène) (P3HT) est un polymère conjugué, provenant de la polymérisation d'hétérocycles sulfurés, les thiophènes. Ses bandes HOMO et LUMO de largeur respective 5.1eV et 3.4 eV donnent une énergie de gap égale à 1.7 eV [41].

Il possède une bonne solubilité dans les solvants organiques, une stabilité thermique et une relative facilité de synthèse ainsi que d'autres propriétés optoélectroniques intéressantes [42]. La particularité de ce polymère est qu'il inclut dans sa structure des chaines alkyles latérales. La structure chimique du P3HT régiorégulier est représentée sur la figure 25 :

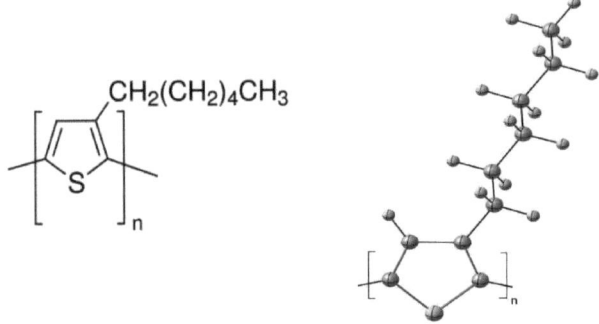

Figure 25: Structure développée de P3HT

Les chaînes latérales du P3HT servent principalement à faciliter sa solubilisation dans les solvants non polaires. D'autres polymères tel que le poly(3-octylthiophène) similaire au P3HT ont des chaînes latérales plus longues qui leur attribuent une meilleure solubilité. Cependant, de longues chaînes alkyles inhibent les processus électroniques intermoléculaires réduisant ainsi la mobilité des charges à l'intérieur du matériau [43]. Avec ses courtes chaines latérales, le P3HT est donc le polymère le plus adéquat de cette famille pour la fabrication de dispositifs photovoltaïques puisqu'il allie flexibilité et faible interférence dans les échanges électroniques intermoléculaires.

Le spectre d'absorption de P3HT en film solide est situé dans la région du visible, ceci est un atout pour l'usage photovoltaïque, car la plus grande partie du spectre d'émission du soleil est situé dans cette région, soit entre 400 et 700 nm.

Les molécules de P3HT de géométrie coplanaire ont la faculté d'améliorer le processus optoélectroniques du polymère en film solide [44]. Ils peuvent ainsi former des structures semicristallines lorsque le polymère est en phase solide, ce qui facilite le transport des charges [45]. La mobilité des charges dans un film de P3HT est d'environ $0.2 \ cm^2V^{-1}s^{-1}$[46].

Références:

[1]C.K.Chiang, C.R.Fincher, Y.W.Park, A.J.Heeger, H.Shirakawa, E.J.Louis, S.C.Gau, A.G.MacDiarmid, Phys.Rev.Lett 39(1977)1098

[2]K.Kaeriyama, Y.Tsukaham, S.Negora, N.Tanigaki, H.Masuda, Synthetic Metals 84(1997) 263

[3]Guy Louarn,Miroslaw, Triznade, J.P.Buisson, Jadwiga Laska, Adam Ron, Mieczyslaw Lapkowski, Serge Lefrant, Journal of Physical Chemistry 100(1996)12532

[4] Y.J.Yuan, S.B.Adeloju, G.G.Wallace, European Polymer Journal 35(1999)1761

[5] Yongfang Li, Yong Cao, Jun Gao, Deli Wang, Gang Yu, Alan J.Heeger, Synthetic Metals 99(1999)243

[6] Laura O.Pères, Nicolas Errien, Eric Faulques, Han Athalin, Serge Lefrant, Florian Massuyeau, Jany Wéry, Gérard Froyer, Shu Hui Wang, Polymer 48(2007) 98

[7] Adam Pron, Patrice Rannou, Prog.Polym.Sci. 27(2002)135

[8]S.M.Casseemiro, F.Thomazi, L.S.Roman, A.Marletta, L.Akcelrud, Synthetic Metals 159(2009)1975

[9] André Moliton, Roger C Hiorns, Polymer international 53 (2004)1397

[10] Sambhu Bhadraa, Dipak Khastgir, Nikhil K.Singha, Joong Hee Lee, Progress in Polymer Science 34(2009) 738-810

[11] Helfrich. W, Schneider. W. G., Phys. Rev. Lett. 14 (1965)229

[12] Shirakawa, H. Louis, E. J. MacDiarmid, A. G. Chiang, C. H.Heeger, A. J., J. C. S. Chem. Comm.(1977)578-580

[13]Thèse Habib BUCHRIHA, Université Paris 7 (1978)

[14] J.L. Brédas, G. B. Street, Acc. Chem. Res. 18 (1985) 309

[15] D. Betho, A. Laghdir and C. Jouanin, Phys. Rev B, 38(1988) 12531 – 12539

[16] S.F.Nelson, Y-Y. Lin, D.J.Gundlach, T.N.Jackson, Appl.Phys. Lett. (1998) 1854

[17]N.F.Mott and R.W.Gurney, Electronic Processes in Ionic Crystas, Oxford Univ.Press(Clarendon), London and New York (1940)

[18] J Sworakowski and G F Leal Ferreira, J. Phys. D: Appl. Phys., 17 (1984) 135-139

[19] Arias, A. C. MacKenzie, J. D. McCulloch, I. Rivnay, J. Salleo, A. Chem. Rev. (2010), 110, 3

[20] Z.Bao, Adv.Mat.12(2000) 227

[21] J.Zaumseil,H.Sirringhaus, Chem.Rev.107(2007)1296

[22] J.Zauseil, R.H.Friend, H.Sirringhaus, Nat.Mater.5 (2006) 69

[23]J.H.Burroughes, D.D.C.Bradley, A.R.Brown, R.N.Marks, K.Mackay, R.H.Friend, P.L.Burns, A.B.Holmes, Nature 347(1990) 539

[24]Thèse Charlotte Mallet, Université d'Angers 2010

[25] H. Shirakawa, E. J. Louis, A. G. Macdiarmid, C. K. Chiang and A. J. Heeger, Journal of the Chemical Society, Chemical Communications16(1977)578-580

[26] C. W. Tang, Applied Physics Letters 48 (1985)183-186

[27] N. S. Sariciftci, L. Smilowitz, A. J. Heeger and F. Wudl, Science 258 (1992) 1474-1476

[28] H. Hoppe, N.S. Sariciftci, J. Mater. Res.19 (2004) 1924

[29] S. Admassie, O. Inganäs, W. Mammo, E. Perzon, M.R. Andersson, Synthetic Metals 156 (2006) 614

[30] N. Blouin, A. Michaud, M. Leclerc, Adv. Mater.19 (2007) 2295

[31]Thèse HassinaDerbal, Université d'Angers, juillet (2009)

[32]J.L.Martin, J.D.Bergeson,V.N.Prigodin, A.J.Epstein, Synthetic Metals 160(2010) 291-296

[33]J.V.Grazulevicious, P.Strohriegl, J.Pielichowski, Prog.Polym.Sci.28(2003)1297-1353

[34] N.Ballav, M.Biswas, Synthetic Metals 132(2003)213-218

[35]K.S.Oh,W.Bae,H.Kim, Polymer 48(2007)1450-1454

[36] Suhua Wang, Shihe Yang, Chunlei Yang, Zongquan Li, Jiannong Wang, and Weikun Ge, J. Phys. Chem. B 104 (2000)

[37]E.Pérez-Guttiérrez, M.J.Percino, V.M.Chapela, J.L.Maldonado, Thin Solid Films 519(2011) 6015-6020

[38]R.H.Friend, G.J.Denton, J.J.Halls, N.T.Harrison, A.B.Holmes, A.Koehler, A.Lux, S.C.Moratti, K.Pichler, N.Tessler and K.Towns, Synthetic Metals 84(1997) 463-470

[39] H. Sirringhaus, P. J. Brown, R. H. Friend, M. M. Nielsen, K. Bechgaard, B. M. W. Langeveld-Voss, A. J. H. Spiering, R. A. J. Janssen, E. W. Meijer, P. Herwig, and D. M. de Leeuw, Nature 401 (1999) 685-688

[40] S. Hugger, R. Thomann, T. Heinzel, and T. Thurn-Albrecht, Colloid & Polymer Science 282 (2004) 932-938

[41]T.A. Chen, X. Wu, R.D. Rieke, J. Am Chem Soc.117(1995)233-244

[42] Sam-Shajing Sun and Niyazi Serdar Sariciftci, Organic photovoltaics. CRC Press, (2005)

[43] Yeong Don Park, Do Hwan Kim, Yunseok Jang, Jeong Ho Cho, Minkyu Hwang, Hwa Sung Lee, Jung Ah Lim, and Kilwon Cho, Organic Electronics 7(2006) 514-520

[44] H. Sirringhaus, P. J. Brown, R. H. Friend, M. M. Nielsen, K. Bechgaard, B. M. W. Langeveld-Voss, A. J. H. Spiering, R. A. J. Janssen, E. W. Meijer, P. Herwig, and D. M. de Leeuw, Nature 401(1999) 685-688

[45] S. Hugger, R. Thomann, T. Heinzel, and T. Thurn-Albrecht, Colloid & Polymer Science 282 (2004) 932-938

[46] Guangming Wang, James Swensen, Daniel Moses, and Alan J. Heeger, J. Appl. Phys. 93 (2003) 6137

Chapitre 2 :

Nanoparticules inorganiques et systèmes hybrides

Nous allons dans ce chapitre présenter les principales propriétés des nanoparticules inorganiques ainsi que celles des systèmes hybrides polymères/nanoparticules. On montrera comment l'incorporation des nanoparticules dans les polymères peut améliorer considérablement leurs performances optoélectroniques.

Partie 1 : Nanoparticules inorganiques

1. Introduction

Les nanoparticules sont des éléments unitaires dont la taille caractéristique est comprise entre 1 et 100 nanomètres. Il existe de nombreux types de nanoparticules:

> les nanoparticules à base de métaux (Au, Ag, Cu) qui possèdent des propriétés magnétiques et plasmoniques intéressantes [1,2].

> les nanoparticules à base des semi-conducteurs élémentaires tel que (Si), qui absorbent et émettent la lumière dans le vis-proche infrarouge [3].

> les nanoparticules composés des semi-conducteurs II-VI (CdSe, ZnSe),III-V(InAs, GaAs) qui absorbent et émettent dans le visible(-NIR)[4], et les semi-conducteurs VI-VI(PbSe,PbS) dont l'absorption et l'émission se situent dans le domaine infrarouge [5].

> les nanoparticules à base d'oxydes (TiO$_2$, ZnO, SnO$_2$) qui absorbent dans l'UV [6].

Dans notre étude on s'est intéressé à des nanoparticules semi-conductrices de type II-VI et appartenant à la famille de séléniure à savoir le séléniure de cadmium (CdSe) et le séléniure de zinc (ZnSe). Ces éléments ne possèdent que 2 électrons de valence de l'élément Cd ou Zn sur leur dernière orbitale s et 4 électrons sur les orbitales s et p de l'élément IV le sélénium. La différence d'éléctronégativité entre l'anion (Se) et le cation (Zn,Cd) confère à ce type de semi-conducteurs II-VI des propriétés intéressantes pour des applications optiques dues aux larges bandes interdites et aux fortes interactions coulombiennes qu'ils possèdent. Les semi-conducteurs II-VI ont généralement des structures cristallines de compacité maximale soit cubique (type zinc blende), soit hexagonale (type wurtzite), soit les deux en même temps comme dans le cas de CdSe . Elles sont toutes les deux stables à température ambiante. La figure 1 présente les mailles élémentaires de CdSe dans les deux structures cristallines cubique et hexagonale.

La synthèse de ces nanoparticules peut être faite principalement par voie de chimie douce, et aussi par dépôt physique en phase vapeur.

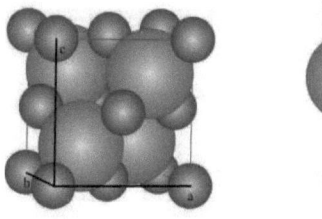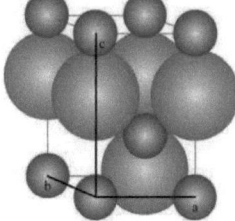

Figure 1: Maille cristalline de CdSe dont les structures blende et wurtzite [7].

Dans la présente thèse nous allons nous focaliser sur des nanoparticules de séléniure de cadmium CdSe et les nanoparticules de séléniure de zinc ZnSe, dont la particularité est l'absorption et l'émission dans l'UV-vis [8].

En vue d'assurer la stabilité et la solubilité avec le milieu environnant des nanoparticules on les enrobe souvent d'une couche de ligand. On obtient alors ce que l'on appelle des **nanoparticules colloïdales**.

Les premières synthèses de nanoparticules colloïdales utilisant des précurseurs organométalliques datent depuis 1990 [9]. Et depuis cette date, ce domaine suscite un engouement très important. Ces nanoparticules présentent des propriétés physiques et optiques originales venant de leurs dimensions nanométriques. La synthèse des nanoparticules est effectuée en milieu organique. La stabilité colloïdale de ces nanoparticules est assurée par la présence d'une couche de ligand organique à leur surface. Ce sont le plus souvent des longues chaines carbonées telles que l'acide oléique. Pour que ces ligands puissent recouvrir la surface des nanoparticules, ils doivent présenter une fonction possédant un ou plusieurs doublets non liants qui interagiront avec les cations de surface, ainsi qu'une longue chaine carbonée hydrophobe permettant la dispersion des nanoparticules dans des solvants apolaires tels que l'hexane, le toluène ou le chloroforme.

2. Intérêt des nanoparticules inorganiques

L'intérêt des nanoparticules réside dans les propriétés que leur confère leur taille nanométrique et qui sont à la base de deux principaux effets : des effets de surface et des effets quantiques.

2.1 Effet de surface

L'une des caractéristiques importantes des nanoparticules est la grande valeur du rapport surface/volume. Ainsi pour une nanoparticule constituée d'environ 1000 atomes et de diamètre d'environ 2-3 nm, la moitié d'atomes sont en surface. Dans le système de nanoparticules dispersées, l'aire totale de l'interface est donnée par :

$$A = N_{tot}\pi D^2 = 6V\frac{\phi}{D} \qquad (1)$$

Où N_{tot} est le nombre total des nanoparticules, D le diamètre de nanoparticule, V le volume et ϕ est la fraction volumique. Ainsi, par exemple pour des nanoparticules de diamètre D=100 nm, dispersées dans un volume de solvant V=1L, à la fraction volumique $\phi = 0.1$, l'aire totale de l'interface vaut 6000 m^2, qui est une valeur importante (de l'ordre de la superficie d'un terrain de football).

2.2 Effet quantique de taille

Ces effets sont dus au confinement des porteurs ou des excitations élémentaires présentes dans un volume très réduit : ainsi si une particule ayant les propriétés du matériau massif est réduite à un petit nombre d'atomes par exemple (10 ou 100) la densité des états dans les bandes de conduction et de valence (i.e. HOMO et LUMO) diminue et les propriétés électroniques, optiques et magnétiques changent totalement. Il en résulte que l'état du continuum est remplacé par des niveaux quantifiés, et les propriétés de la nanoparticule diffèrent de celle de l'état massif de l'atome ou de la molécule.

Nous avons représenté sur la figure 2 les niveaux énergétiques des nanoparticules ainsi que celle de la molécule et de l'état massif.

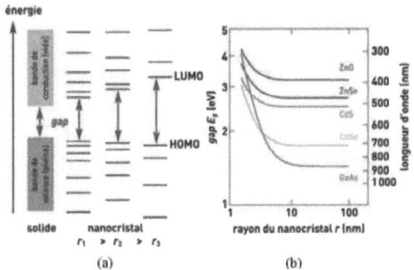

Figure 2: Variation du gap en fonction de la taille des nanoparticules.

Les nanoparticules de semi-conducteurs sont appelées aussi « *Quantum dots* » QDs et possèdent une bande interdite dépendante de leur taille. Ainsi, lorsqu'elles sont excitées optiquement les porteurs peuvent passer à un niveau d'énergie supérieure et le retour à l'état fondamental s'accompagne d'une fluorescence dont la longueur d'onde dépend de la taille de la nanoparticule. Ainsi plus la taille est petite plus la distance entre les niveaux d'énergie est grande et plus la longueur d'onde est courte. Par exemple, pour les nanoparticules de CdSe une taille de 2.5 nm donne une fluorescence verte et une taille de 7 nm donne une fluorescence rouge.

2.3 Aperçu historique

L'effet confinement électronique a été observé pour la première fois en 1981 par le groupe d'Ekimov [10] en Russie sur des nanocristaux de CuCl dans une matrice de verre. Les études des particules de ZnS et CdS ainsi synthétisées ont été réalisées par Efros rapidement après, à partir de 1982 [11]. En parallèle de ces recherches, les équipes de Grätzel[12] en Suisse à l'Institut de Chimie Physique de l'Ecole Polytechnique de Lausanne et Henglein[13] en Allemagne à l'Institut Hahn-Meitner de Berlin synthétisèrent des particules de semi-conductrices colloïdales en milieu aqueux. Les particules font typiquement entre 4 et 8 nm de diamètre et sont amorphes. C'est l'équipe de Louis Brus au Bell Labs qui s'intéressa en 1983 [14] à la caractérisation et à la compréhension des propriétés de ces nanoparticules. Enfin, c'est en 1993 que fut publié l'article [15], qui fait maintenant référence, sur la synthèse de nanocristaux de CdS, CdSe et CdTe, permettant l'obtention de nanoparticules monodisperses et cristallines.

Depuis cette date, les synthèses de nanocristaux en milieux colloïdaux connaissent de nombreuses modifications, permettant ainsi la croissance de nanoparticules avec différents types de précurseurs. Aujourd'hui, les précurseurs métalliques utilisés sont très majoritairement des précurseurs de phosphonates [16] et de carboxylates [17], qui ont été introduits au début des années 2000.

3. Domaines d'applications

Les propriétés particulières des nanoparticules sont utilisées dans diverses applications dans de nombreux domaines tels que la physique, la biologie, la médecine, l'électrodynamique, la catalyse…

3.1 Application en optoélectronique

Les nanoparticules peuvent servir comme dopants dans des matrices polymères pour réaliser des matériaux pour l'optoelectronique (cellules photovoltaïques, diodes électroluminescentes, interrupteurs optiques, matériaux amplificateurs pour des lasers). On a pu également réaliser un laser à base de l'oxyde de titane dopé par des nanoparticules de CdSe dont la couleur d'émission dépend de la taille des nanoparticules [18]. Aussi, la variation de la fluorescence de nanoparticules en présence d'un gaz, soluté,... permet de réaliser des capteurs pour indiquer et doser la présence des espèces [19]. L'incorporation des nanoparticules dans des microstructures optiques est une voie, parmi d'autres, pour réaliser une source de photons uniques pour la cryptographie quantique [20]. On peut réaliser aussi des codes à barres constitués par un mélange de billes de polystyrène micrométriques et de quantité contrôlée de nanoparticules fluorescentes (de couleurs différentes), où il est théoriquement possible d'obtenir 10^6 codes différents [21], ces codes peuvent être incorporés dans des encres et utilisés pour la traçabilité des divers objets et la lutte contre la contrefaçon. Les nanoparticules peuvent être également utilisées dans le domaine de la spintronique, où des expériences récentes ont montré la possibilité de transférer des électrons de spin défini entre des nanoparticules reliées entre elles par des molécules conjuguées agissant comme des fils moléculaires [22].

3.2 Applications en chimie

Grâce à leur haute réactivité et à leur sélectivité de taille et de forme [23], les nanoparticules colloïdales sont souvent utilisées comme catalyseur. Elles s'assemblent en agrégats (*clusters*)
capables de catalyser des réactions tels que l'hydrogénation [24] et l'oxydation de CO et du mélange CO/H$_2$ [25].

3.3 Applications dans le biomédical

L'exploitation des propriétés des nanoparticules a permis un développement spectaculaire dans les techniques de marquage cellulaire et dans l'imagerie. Les nanoparticules semi-conductrices, métalliques, ou d'oxydes métalliques magnétiques sont très souvent utilisées pour remplacer les sondes fluorophores organiques car à la différence de celles-ci elles possèdent une large absorption ainsi que des spectres d'émission étroits et symétriques. En particulier, elles permettent d'effectuer de l'imagerie dans l'environnement cellulaire sur des temps longs grâce à leur photostabilité [26]. Les nanoparticules sont fréquemment utilisées en biologie pour le diagnostic, la détection de bactéries [27] et des biomolécules [28] dans les échantillons biologiques. En plus, les propriétés de fluorescence particulières des nanoparticules sont largement utilisés dans l'élaboration de détecteurs optiques de protéines [29] et dont le marquage et la reconnaissance de l'ADN [30].

4. Synthèse et caractérisation des nanoparticules

4.1 Techniques de synthèse

Les nanoparticules semi-conductrices peuvent être synthétisées par voie physique, en phase solide, par des techniques lithographiques [31] ou épitaxiales [32] et en phase liquide en appliquant les techniques de chimie colloïdale [33]. (figure 3)

Les techniques de fabrication en solution et à température ambiante sont basées sur la précipitation des nanoparticules en milieux aqueux : elles peuvent soit se former en solution homogène contenant des réactifs appropriés et des ligands ou polymères stabilisants [34], soit par précipitation à l'intérieur de micelles inverses, c'est-à-dire dans des gouttelettes d'eau dispersées dans une phase huileuse (hydrocarbure) stabilisées par des molécules amphiphiles [35].

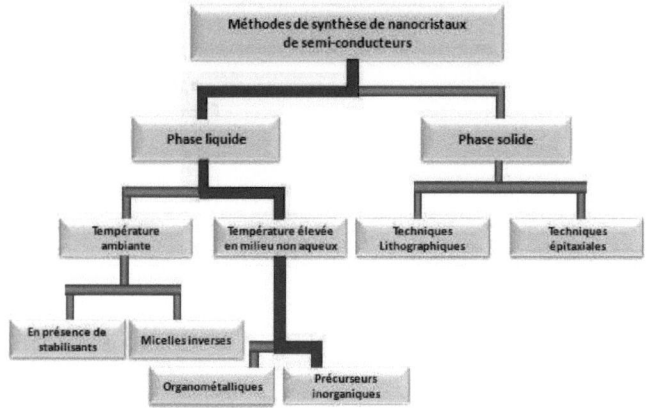

Figure 3: Principales méthodes de synthèse des nanoparticules semi-conductrices.

Dans ce travail nous allons utiliser la voie de synthèse en phase liquide à température élevée en présence des précurseurs inorganiques (flèches en rouge) pour la synthèse de deux types de nanoparticules colloïdales, le séléniure de zinc ZnSe et le séléniure de cadmium CdSe.

- Le ZnSe capé par l'acide oléique(AO)

- Le CdSe capé par l'oxyde de la tributylphosphine (TBPO)

4.2 Caractérisation de nanoparticules

Les nanoparticules peuvent être caractérisées par différentes techniques: EDX, RX, Absorption, fluorescence et MET.

4.2.1 Spectroscopie à dispersion d'énergie X (EDX)

Les électrons peuvent ioniser un atome de la couche interne qui relaxe en émettant un rayon X. L'analyse de ces rayons permet d'avoir des renseignements concernant la composition chimique de l'atome, il s'agit alors d'une analyse semi-quantitative. L'analyse se fait par dispersion d'énergie. L'énergie de ces photons X va de quelques eV à plusieurs dizaines de MeV et la détection des rayons X est réalisée à l'aide d'un détecteur aux rayons X intégré au MET. Cette analyse nous a permis de déterminer les proportions des atomes constituant le matériau.

4.2.2 Microscopie électronique à transmission MET

Le principe du MET est la formation d'une image d'un échantillon mince par des électrons transmis. Le schéma de principe de fonctionnement est présenté sur la figure 4. Un faisceau d'électrons est généré et accéléré par un canon à électrons, il est ensuite focalisé en direction de l'échantillon par des lentilles magnétiques. Un second système de lentilles magnétiques permet d'agrandir l'image obtenue.

Le microscope électronique à transmission permet d'atteindre des résolutions atomiques plus hautes que le MEB. Les tensions d'accélération des électrons sont généralement comprises entre 100 et 300 kV et les courants sont plus faibles que ceux utilisés pour le MEB. Le MET est constitué d'une lentille magnétique et permet de former une image de l'objet avec les électrons qui interagissent fortement avec la matière traversée. Les électrons sont repris par un jeu de lentilles formant une image agrandie de l'objet.

Plusieurs modes peuvent être utilisés en MET selon la nature des signaux détectés.

- Le mode imagerie conventionnelle : Ce mode est obtenu par transmission du faisceau

d'électrons à travers l'échantillon.

- Le mode diffraction : Dans le cas d'un échantillon cristallin, une partie du faisceau

électronique est diffractée par les atomes du cristal. Un diagramme de diffraction en aire sélectionnée est obtenu. La diffraction électronique permet une analyse plus locale. Un diagramme de diffraction en aire sélectionnée d'un polycristal (composé de plusieurs cristallites d'orientations cristallines et de distances inter-réticulaires différentes) est constitué de plusieurs anneaux centrés sur une tâche centrale. Les anneaux représentent un ensemble d'une infinité de points, chaque point représente un faisceau diffracté correspondant à une orientation bien particulière.

↓ Le mode imagerie en haute résolution (HR-MET) : des images d'interférence entre toutes les ondes diffusées par les atomes de l'échantillon sont obtenues par ce mode.

Nous avons utilisé le MET Fei Company modèle Tecnai G2 20 pour la détermination de la taille et la morphologie des grains inorganiques (CdSe, ZnSe). Pour ce faire, on dissout une faible quantité de poudre (quelques mg) dans l'éthanol et on la soumet aux ultrasons. On soulève ensuite une goutte qu'on dépose sur une grille carbonée pour l'analyse. Les résultats obtenus au MET sont proches de ceux obtenues par DRX.

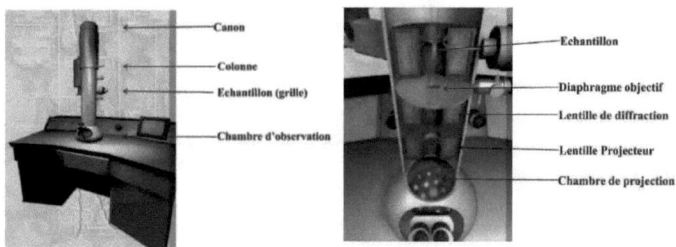

Figure 4 : Principe de fonctionnement d'un microscope électronique à transmission.

4.2.3 Diffraction des rayons X

Cette technique consiste à irradier un échantillon à l'aide d'un faisceau de rayons X sous un angle θ puis à mesurer l'intensité diffractée en fonction de l'angle 2θ. La diffraction des rayons X intervient à chaque fois que la loi de Bragg est vérifiée [36]:

$$2d_{hkl}\sin\theta = \lambda \qquad (2)$$

où d_{hkl} la distance inter-réticulaire des plans d'indice de Miller (hkl) diffractant, θ l'angle d'incidence du faisceau de rayons X arrivant sur l'échantillon et λ la longueur d'onde des rayons X incidents.

La diffraction des rayons X est la première étape de caractérisation qui suit la synthèse des nanoparticules. Dans le cadre de notre étude, cette technique a été essentiellement utilisée pour identifier les phases cristallines présentes et pour déterminer les paramètres de maille de ces phases et ainsi que la taille moyenne des cristallites en utilisant l'équation de Scherrer.

Pour traiter nos échantillons de ZnSe (AO) et CdSe (TBPO) en poudre nous avons utilisé le diffractomètre Bruker D4 Endeavor, représenté sur la figure 5.

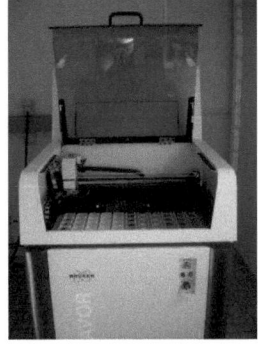

Figure 5 : Diffractomètre de rayon X.

4.2.4 Spectroscopie d'absorption UV-VIS

La spectroscopie d'absorption UV-VIS permet d'atteindre des transitions électroniques de l'état fondamental vers un état excité. Elle consiste à mesurer l'atténuation d'un rayon lumineux incident d'intensité I_0 en fonction de la longueur d'onde lorsque celui-ci traverse un milieu homogène d'épaisseur 1 contenant une espèce absorbante. Pour un milieu dilué l'absorbance est donnée par la loi de Beer-Lambert [37] :

$$A = -\log\left(\frac{I}{I_0}\right) \qquad (3)$$

Avec I est l'intensité du rayon transmis et I_0 l'intensité du rayon incident.

L'excitation lumineuse dans le spectrophotomètre est fournie par une lampe à décharge au deutérium dans le domaine UV et une lampe halogène tungstène dans le domaine visible.

Les spectres d'absorption dans la gamme UV-vis des nanoparticules de ZnSe(AO) et CdSe (TBPO) en solution (chloroforme) ont été réalisés avec un spectrophotomètre *Varian Cary 500*. Des cuvettes en quartz ayant un parcours optique de 1 cm ont été utilisées pour contenir les solutions. Les mesures sont réalisées en mode " double fente " produisant deux faisceaux lumineux parallèles. Lors d'une mesure dans ce mode, une cuvette contenant l'échantillon se trouve dans le parcours optique d'une des fentes et une cuvette contenant seulement le solvant est placée dans le parcours optique de l'autre fente. De cette façon, les variations d'intensité de la source lumineuse lors de la mesure peuvent être compensées. La figure 6 présente le spectromètre avec lequel nous avons mesuré l'absorption en solution des nanoparticules.

Figure 6: Spectrophotomètre UV-vis.

4.2.5 Spectroscopie de fluorescence

La spectroscopie de photoluminescence consiste en la décomposition spectrale de la lumière émise par l'échantillon excité par une source lumineuse.

Le principe de photoluminescence est d'exciter des électrons de la bande de valence avec un photon d'une énergie supérieure à l'énergie de gap du semi-conducteur, de telle sorte qu'ils se trouvent dans la bande de conduction, l'excitation fait donc passer les électrons vers un état d'énergie supérieure avant qu'ils ne reviennent vers un niveau énergétique plus bas avec émission d'un photon après un temps très court.

Il existe deux types de spectres :

- **Spectre de fluorescence** : Dans ce cas la lumière excitatrice doit correspondre à une longueur d'onde absorbée par l'échantillon. Pour cette raison, il est impératif avant de réaliser ce spectre de connaître le spectre d'absorption de l'échantillon. Le spectre de fluorescence consiste en une analyse spectrale de la lumière émise par l'échantillon.

- **Spectre d'excitation** : Dans ce cas on fait un balayage en longueur d'onde de la lumière incidente ou de la lumière excitatrice et on se cale en émission à une longueur d'onde fixe au maximum de fluorescence. Il est préférable avant de faire le spectre d'excitation de connaître le spectre de fluorescence.

Les mesures de fluorescence de nos échantillons en solution et en couches minces ont été effectuées sur un spectromètre de photoluminescence *Perkin Elmer* modèle *LS 55 Fluorescence Spectrometer* composé d'une source d'excitation, d'un système d'analyse, d'un détecteur et d'une unité d'acquisition. (figure 7)

Le spectre de photoluminescence est obtenu en enregistrant la variation de l'intensité du signal à la sortie en fonction de la longueur d'onde. L'acquisition du signal est obtenue à l'aide d'un programme " Lab View " lié à un micro-ordinateur qui commande et enregistre le défilement du spectre avec la longueur d'onde ainsi que l'intensité du signal pour chaque longueur d'onde.

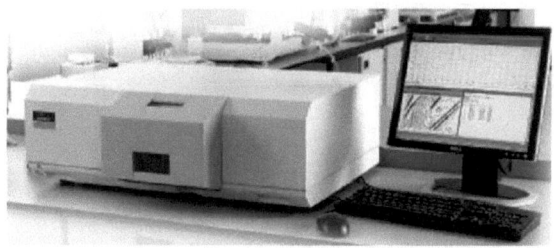

Figure 7: spectromètre de photoluminescence.

5. Nanoparticules de séléniure de zinc ZnSe(AO)

5.1 Synthèse

Les nanocristaux de séléniure de zinc ZnSe sont préparés suivant la méthode décrite par Khanna et al. [38], à laquelle on a apporté quelques modifications. Nous avons remplacé la trioctylphosphine par la tributylphosphine dans le but de réduire le volume de l'agent capant. Le mélange 1 :1 d'acétate de zinc anhydre et acide oléique dans 30 mL de l'éther de diphényle, a été chauffé à reflux à 140°C pendant 2 heures. A cette solution est ajoutée une quantité appropriée de séléniure de tributylphosphine (TBP) dans le tributylphosphine (5ml). Le mélange réactionnel a été chauffé à 180°C pendant une nuit. Ensuite, le méthanol a été ajouté à la suspension jaune obtenue pour provoquer une précipitation supplémentaire. La suspension a été centrifugée trois fois avec une vitesse de 4000 rpm pendant 30 min et suivie par un lavage à l'héxane et un séchage à l'étuve (80°C). On obtient enfin une poudre de ZnSe de couleur jaune.

5.2 Caractérisation structurale

La spectroscopie à rayons X à dispersion d'énergie EDS (*Energy Dispersive X-ray Spectroscopy*) des nanoparticules de séléniure de zinc ZnSe permet d'identifier les différentes espèces chimiques présentes dans le matériau à partir des pics correspondants à leurs énergies de liaison et ceci dans un domaine variant entre les failes valeurs d'énergie et 30 KeV. La figure 8 confirme la pureté de la poudre et le Tableau 1, (dans la figure) donne les pourcentages en masse et en masse atomique des différents éléments de ZnSe.

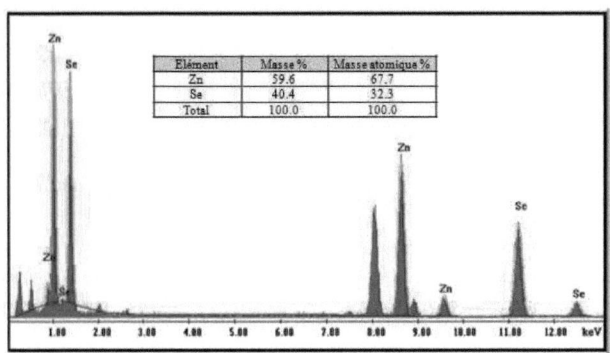

Figure 8: Analyse élémentaire EDX de ZnSe poudre, tableau: composition chimique de ZnSe.

La phase cubique de nanoparticules de ZnSe est confirmée par la diffraction des rayons X

(figure 9). Le diffractogramme montre la présence de 3 pics majoritaires caractéristiques d'une structure cristalline cubique, le plus grand est situé à 27.8°[111], et les plus petits sont à 45.5°[220] et 53.5° [311]. Toutes les réflexions de Bragg trouvées sont similaires à celles décrites dans la littérature [39,40]. Nous avons estimé la taille moyenne de nanoparticules à partir de la largeur à mi-hauteur du pic à 2θ de 27.8°, en appliquant la relation de Scherrer, la taille moyenne trouvée est comprise entre 3-4 nm qui se trouve dans le domaine mesuré par TEM.

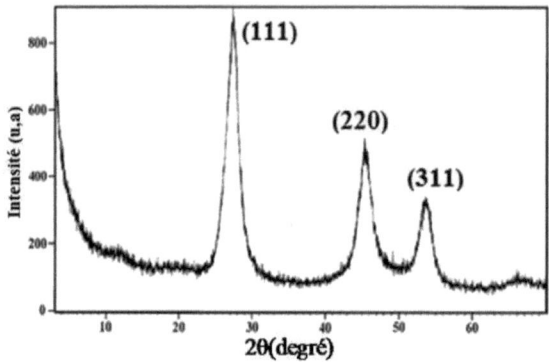

Figure 9: Diffractogramme de RX des nanocristaux de ZnSe.

Nous avons aussi déterminé la taille moyenne des nanocristaux par microscopie électronique à transmission MET à partir des images présentées sur la figure 10. Ces figures montrent une monodispersion de nanoparticules qui ont une taille moyenne de 4-5 nm, ce qui confirme le résultat obtenu par diffraction RX. Nous remarquons toutefois que la taille obtenue par les mesures TEM est légèrement plus grande que celle obtenue par RX, cette différence peut être expliquée du fait que les mesures de RX ne tiennent compte que du noyau cristallin des nanoparticules alors que le TEM mesure à la fois le noyau et l'agent capant organique qui enrobe les nanoparticules [41].

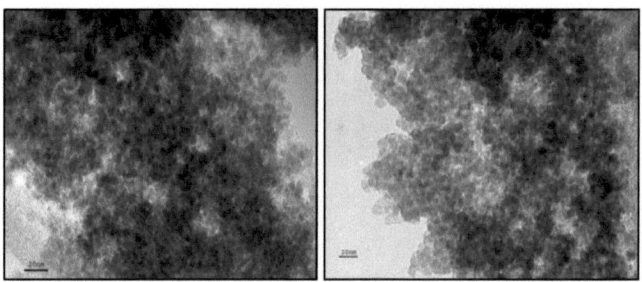

Figure 10: Images TEM de ZnSe.

Les images TEM montrent aussi que les nanoparticules ne sont pas toutes bien séparées et ont une tendance à former des amas ce qui suggère une potentielle formation de voies de percolations efficaces dans le film [42].

Les réactifs que nous avons utilisés et la température de la réaction conduisent à la formation des cristaux de ZnSe de structure hexagonale, cependant il peut arriver que la structure soit cubique comme reporté par Jun et al. [43] qui utilisent une méthode de synthèse différente de la notre.

5.3 Caractérisation optique

Les figures 11 et 12 montrent les spectres d'absorption et de fluorescence des nanoparticules de ZnSe dissoutes dans le chloroforme dans le domaine spectrale s'étendant entre 400 et 700 nm. Le spectre d'absorption montre la présence d'un maximum vers 332 nm et d'un maxima situé à 550 nm. La fluorescence présente deux pics, le premier vers 475 nm et le deuxième vers 575 nm.

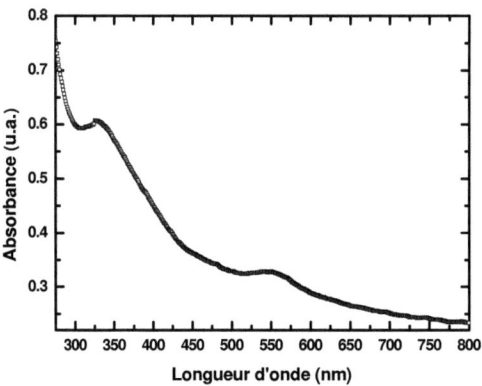

Figure 11: Spectre d'absorption de ZnSe en solution.

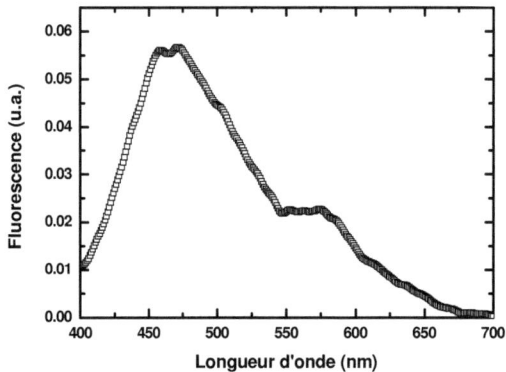

Figure 12: Fluorescence de ZnSe en solution.

6. Nanoparticules de séléniure de cadmium CdSe(TBPO)

6.1 Synthèse

Les nanoparticules de séléniure de cadmium CdSe ont été synthétisées suivant la méthode décrite dans la littérature [44] avec une modification qui réside dans l'utilisation de tributylphosphine comme agent capant au lieu des dérivés de trioctylphosphine. Au début, nous avons préparé une solution d'acétate de cadmium (3mmol,0.79g) et d'oxyde de la tributylphosphine TBPO (15mmol,3.27g). Cette solution a été ajoutée goutte à goutte à une deuxième solution de séléniure de tributylphosphine (2.1mmol, 5.9g) et de tributylphosphine (5mL). Le mélange réactionnel a été chauffé à 95-105°C pendant 12 heures. Le méthanol a été ajouté à la suspension rouge obtenue pour stimuler une précipitation supplémentaire. Par la suite la suspension a été centrifugée 3 fois à 4000 rpm pendant une demi-heure, puis lavée par l'héxane et séché à l'étuve pour obtenir une poudre de CdSe en tant que poudre de couleur rouge foncé.

6.2 Caractérisation structurale

Des analyses EDS réalisées sur l'échantillon de séléniure de cadmium CdSe en poudre ont montré la présence de cadmium Cd et de séléniure Se sur l'ensemble de la grille. Le spectre EDS dans la gamme d'énergie de faibles valeurs d'énergie à 30 KeV présente plusieurs pics bien définis, chaque pic correspondant à une énergie de liaison qui est propre à une espèce donnée. Ce spectre confirme la pureté de la poudre et identifie donc les éléments présents dans CdSe capés par TBPO (inséré dans la première) ainsi que leurs pourcentages en masse et en masse atomique. (figure 13)

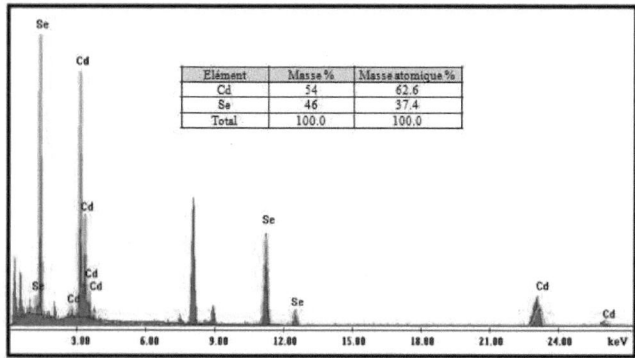

Figure 13: Analyse élémentaire EDX de CdSe poudre, tableau :composition chimique de CdSe.

La figure 14 montre les micrographies obtenues par microscopie électronique à transmission, on y observe une des nanoparticules de forme sphérique polydispersés et de taille moyenne de 3.7 nm.

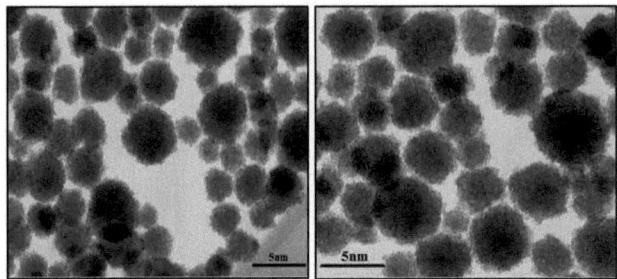

Figure 14: Images de TEM de CdSe (TBPO), barre d'échelle 5nm.

La figure 15 présente le diffractogramme X des nanocristaux de CdSe, on observe 4 pics majoritaires caractéristiques d'une structure cristalline hexagonale, un pic singulet de plus grande intensité situé à 27.8°[111], et un triplet formé de trois petits pics de moindre intensité situés respectivement à 42°[220], 45.5°[103] et 52°[311]. La taille moyenne des nanoparticules est obtenue à partir de la relation de Debye Scherrer, elle est estimée à 4 nm, cette valeur est en accord avec celle trouvée par les mesures TEM.

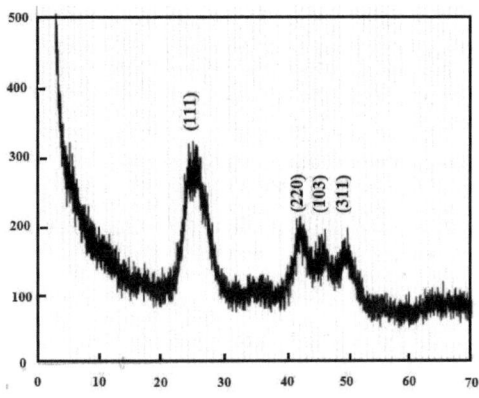

Figure 15: DRX de nanocristaux de CdSe.

6.3 Caractérisation optique

Les propriétés optiques des nanoparticules de CdSe ont été étudiées dans la gamme spectrale UV-vis par spectroscopie d'absorption optique et de fluorescence. Le spectre d'absorption (figure 16) montre la présence d'un pic à 550 nm. Le maximum de fluorescence est situé à 640 nm (figure 17).

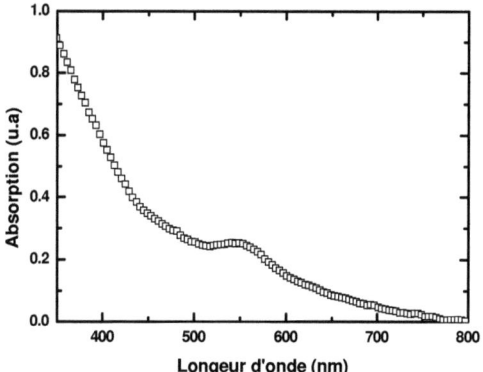

Figure 16:Spectre d'absorption de CdSe en solution.

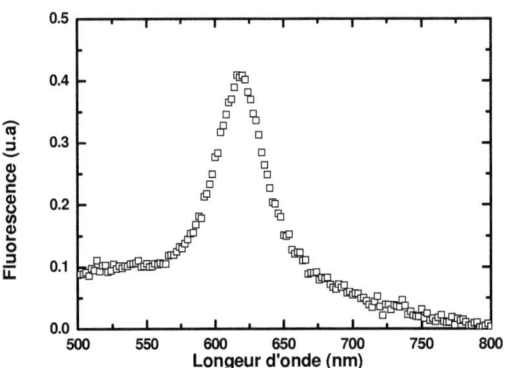

Figure 17: spectre de fluorescence de CdSe en solution.

On a pu déterminer à partir du spectre d'absorption et de la relation de Tauc [45] l'énergie du gap E_g des nanoparticules de CdSe. On trouve une valeur de 1.95 eV qui est plus grande que celle de CdSe massique (1.74 eV) [46,47], ce décalage vers le bleu est de 0.21 eV et s'explique probablement par l'effet du champs cristallin dans le solide [48], et au fort confinement des électrons et des trous dans les nanoparticules.

Partie 2 : Systèmes hybrides

Nous allons dans cette partie décrire le mode de préparation des solutions hybrides polymères/nanoparticules et décrire les techniques de fabrications des couches minces issues de ces solutions, ainsi que la réalisation des cellules photovoltaïques. Nous nous intéresserons à deux systèmes de couches hybrides qui feront l'objet de notre travail à savoir le PVK/ZnSe, et P3HT/CdSe.

La combinaison de deux matériaux possédant des propriétés différentes, voire complémentaires dans un seul matériau unissant ces propriétés a intéressé plusieurs équipes de recherche. Nous allons décrire le processus d'élaboration couches minces des deux systèmes hybrides qui font l'objet de cette étude.

1. Introduction

L'incorporation des nanoparticules inorganiques dans une matrice polymère est une bonne alternative pour améliorer les propriétés optoélectroniques du polymère. De ce point de vue, l'inclusion des nanoparticules minérales dans des polymères π-conjugués semble très intéressante car les propriétés électroniques de ces deux matériaux en font le siège de transfert d'excitations qui peuvent augmenter les performances des dispositifs tels que les cellules photovoltaïques et les diodes électroluminescentes. Le facteur déterminant pour le choix de composites est que d'une part les polymères conjugués sont de bons donneurs d'électrons et d'autre part les nanoparticules sont préférentiellement des accepteurs d'électrons. Une combinaison des deux matériaux conduit alors à une jonction p-n, dont on peut moduler aisément les niveaux d'énergies. Il est à noter, que le transfert électronique entre le polymère et les nanoparticules s'effectue à l'interface qui est importante entre les deux, en raison du rapport surface/volume élevée des nanoparticules.

Les études concernant les cellules photovoltaïques à base de nanomatériaux hybrides organiques/inorganiques datent de 1996, où on a réalisé des cellules à base de MEH-PPV : CdSe [49] qui ont donné un rendement énergétique de 0.2% sous un éclairement de 0.5 mW/cm^2. Depuis, beaucoup d'effort ont été fournis, en utilisant d'autres couples polymère-nanoparticule qui ont atteint des rendements plus élevées [50-54].

A titre d'exemple nous donnons dans le tableau1 les principaux travaux effectués sur des systèmes hybrides à base de PVK et de P3HT et de nanoparticules (CdS, TiO$_2$, CdSe..) [55,56] ou de nanotubes de silicium (SWNTs) [57-61]. Les travaux sur les cellules hybrides à base de P3HT et de nanoparticules de CdSe ont été reportés [62-68], atteignant le rendement (1.95%) par *Wei-fei Fu et al.* , ce groupe a utilisé des nanoparticules de CdSe capées par l'acide oléique [68].

2. Elaboration des couches minces hybrides

L'utilisation des systèmes hybrides, en électronique organique a été initiée afin de pallier certaines déficiences de matériaux π-conjugués comme la faible mobilité des porteurs de charge, leur large gap et l'étroitesse de leurs spectres d'absorption.

2.1 Préparation des substrats

Selon que les couches sont destinées à l'étude de leurs propriétés optiques, structurales et vibrationnels ou à la fabrication de cellules photovoltaïques, nous avons utilisé respectivement trois types de supports : des supports en verre et en silicium ou des lames d'oxyde d'indium dopé à l'étain, i.e. ITO. Les couches minces hybrides ont été élaborées selon les étapes suivantes : Pour les lames d'ITO qui sont destinées à l'élaboration et à la caractérisation électrique des cellules, nous avons effectué une gravure d'une bande d'ITO à l'aide d'acide chlorhydrique concentrée en vue d'éviter les court- circuits au moment des mesures. La partie active a été protégée par un ruban adhésif. Les ensembles de substrats (verre, silicium et ITO) sont nettoyés par ultrason pendant 15 min dans trois bains d'acétone, d'éthanol et d'eau distillée et séchés par un flux d'argon. (figure 18)

Figure 18: Gravure d'ITO.

Un dépôt d'une couche interfaciale de poly(3ethylenedioxythiophene)poly(styrènesulfonate)PEDOT :PSS, d'épaisseur $\approx 50nm$, suivi d'un recuit thermique de 30 min à 100°C a été réalisé pour lisser la surface d'ITO et pour bloquer le transport des trous.

2.2 Préparation des solutions hybrides

Cette préparation s'effectue en deux étapes :

➢ préparation de deux solutions mères de polymère pur le PVK (20 g/L) et le P3HT (20 g/L), avec comme solvant le chloroforme. Chaque solution est chauffée à reflux pendent 12 heures.

➢ partage de la solution mère dans des flacons (1 mL) et l'ajout des nanoparticules de différentes masses pour obtenir des solutions de concentrations et de fractions volumiques différentes.

Les fractions volumiques des différents échantillons sont calculées de la manière suivante :

$$f = \frac{V_{NP}}{V_P} = \frac{M_{NP}}{M_P} \frac{\rho_P}{\rho_{NP}} \qquad (4)$$

Où V, M et ρ sont respectivement les volumes des solutions, les masses des produits solides et les densités volumiques des polymères (P) et des nanoparticules (NP).

> pour le système P3HT/CdSe on a : $\rho_{CdSe} = 5.81\,g.cm^{-3}$,

$\rho_{P3HT} = 1.1\,g.cm^{-3}$ et la fraction volumique f s'exprime :

$$f = 0.18\,\frac{M_{NP}}{M_P}$$

> pour le système PVK/ZnSe on a : $\rho_{ZnSe} = 5.27\,g.cm^{-3}$,

$\rho_{P3HT} = 1.2\,g.cm^{-3}$, et la fraction volumique f s'exprime :

$$f = 0.22\,\frac{M_{NP}}{M_P}$$

Les tableaux 1 et 2 résument les différentes masses des échantillons ainsi que les fractions volumiques des polymères et des nanoparticules utilisés.

Tableau 1: Masses et fractions volumiques du système PVK/%ZnSe

échantillon	Masse de ZnSe (mg)	Masse de PVK (mg)	M ZnSe/M PVK %	f=V ZnSe/V PVK %
PVK :0%ZnSe	0	20	0	0
PVK : 10%ZnSe	2	20	10	1
PVK : 30%ZnSe	6	20	30	3
PVK: 90%ZnSe	18	20	90	9.9

Tableau 2: Masses et fractions volumiques du système P3HT/%CdSe

échantillon	Masse de CdSe (mg)	Masse de P3HT (mg)	M CdSe/M P3HT %	f=VCdSe/VP3HT %
P3HT :0%CdSe	0	20	0	0
P3HT :20%CdSe	4	20	20	3.78
P3HT :40%CdSe	8	20	40	7.56
P3HT: 60%CdSe	12	20	60	11.34

2.3 Dépôt de la couche active

Après agitation des mélanges de solution pendant une heure dans un bain à ultrason, nous avons déposé les couches hybrides sur le substrat préalablement nettoyé par la méthode de la tournette ou « *spin coating* ». La tournette utilisée est de type *Laurel* modèle *WS400B-6NPP-Lite spin processor*.

Le dépôt de la couche active par tournette « *spin coating* » est une méthode de dépôt par centrifugation. On dépose le matériau organique en solution sur le substrat à l'aide d'une pipette, le substrat est fixé sur le plateau par un dispositif d'aspiration. La mise en rotation permet au matériau en solution de se répartir uniformément sur toute la surface du substrat grâce à la force centrifuge. La vitesse de rotation et d'accélération du plateau sont les deux principaux paramètres qui permettent de faire varier l'épaisseur du film. Une fois la couche déposée, l'échantillon est placé pendant deux heures dans une étuve pour un recuit thermique à 80°.

La méthode de la tournette est souvent utilisée pour le dépôt des polymères, car la technique d'évaporation sous vide peut modifier les propriétés des polymères à cause de la probable rupture des liaisons chimiques. La figure 19 représente la tournette et les étapes de dépôt.

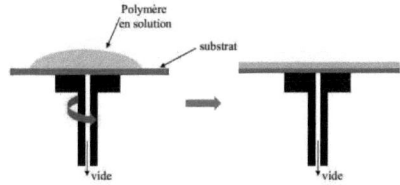

Figure 19 : Schéma de la tournette et étapes de dépôt.

Le dépôt par « *spin-coating* » est l'une des méthodes les plus employées pour réaliser une couche polymérique de haute qualité, une fois bien maîtrisée, cette technique qui est peu coûteuse permet d'obtenir des couches homogènes, de bonne qualité et sur des surfaces relativement importantes. L'inconvénient de cette méthode est la difficulté de contrôler l'épaisseur de la couche. Cette technique nécessite une bonne solubilité du polymère dans les solvants organiques, ce qui n'est pas le cas pour la majorité des polymères qui sont peu ou pas solubles dans ces solvants, ce qui limite son utilisation.

2.4 Dépôt de l'électrode d'aluminium

L'électrode d'aluminium est déposée par évaporation thermique sous vide dans un évaporateur conventionnel (figure 20) permettant la condensation du métal par sublimation (passage du matériau de l'état solide à l'état gazeux) sur la couche active.

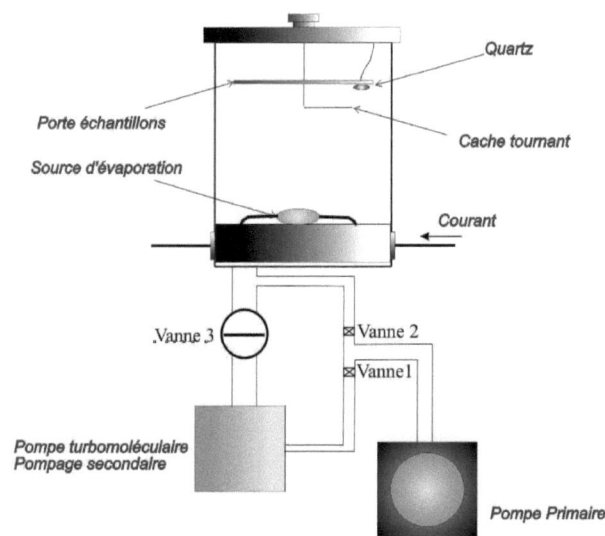

Figure 20: Schéma simplifié de l'évaporateur sous-vide.

L'aluminium est placé dans une nacelle disposée dans le bâti d'évaporation et chauffée par effet joule par passage d'un courant électrique. L'évaporation s'effectue sous un vide secondaire de l'ordre de 10^{-6} mbar, la pression au sein de l'enceinte est contrôlée par une jauge Penning reliée à un moniteur digital affichant la pression. La qualité du vide est un critère important lors de l'évaporation du matériau afin de minimiser au maximum les impuretés présentes dans l'air. Un groupe de pompage composé d'une pompe turbo-moléculaire couplée à une pompe primaire permet d'obtenir ce vide. Un cache tournant placé entre la source d'évaporation et le porte substrat permet d'éviter le dépôt d'impuretés légères au début du chauffage. Enfin une balance à quartz permet de mesurer l'épaisseur du film déposée. L'évaporation thermique sous vide est la méthode la plus adaptée au dépôt des matériaux métalliques et des petites molécules organiques, cette technique permet de contrôler l'épaisseur et d'obtenir des couches de haute pureté. Son inconvénient réside dans la limitation de la taille des surfaces couvertes.

La structure des cellules où la couche active est prise en sandwich entre les deux électrodes : à savoir l'Al qui joue le rôle de la cathode et l'ITO qui joue le rôle de l'anode est représentée sur la figure 21.

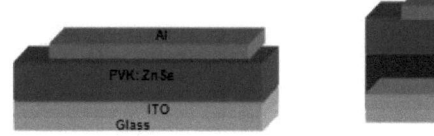

Figure 21: Structures des cellules photovoltaïques ITO/PVK :ZnSe/Al et
ITO/PEDOT :PSS/P3HT :CdSe/Al.

3. Transfert d'excitation dans les systèmes hybrides

L'incorporation des nanoparticules dans la matrice polymère donne au dispositif hybride organique/inorganique, des propriétés optoélectroniques meilleures que celles des composants individuels. Cela est dû à la formation probable d'un exciton hybride à travers un transfert d'énergie de type Forster, cet exciton combine les meilleures propriétés de l'exciton de Frenkel et de l'exciton de Wannier liées respectivement au polymère et à la nanoparticule semi-conductrice, en particulier, l'augmentation du rayon de Bohr de l'exciton de Frenkel et la réduction de la force d'oscillateur de l'exciton de Wannier. L'exciton hybride sera ainsi plus sensible à la perturbation externe du champ électrique de l'hétérostructure et sa dissociation en paire électron-trou est d'autant plus efficace lorsque les gaps d'énergie du polymère et de la nanoparticule ont des valeurs voisines.

La combinaison de deux matériaux possédant des propriétés différents, voire complémentaires dans un seul matériau unissant ces propriétés a intéressé plusieurs équipes de recherches. De ce point de vue, l'inclusion des nanoparticules minérales dans des polymères π-conjugués semble très intéressante. Les propriétés électroniques de ces deux semi-conducteurs sont complémentaires et peuvent être modifiées facilement, notamment en termes de matériau et de taille de nanoparticules ainsi que la nature chimique des molécules organiques constituant le polymère. Nous pouvons alors transformer le polymère de sa forme semi-conductrice dans sa forme conductrice. Ce qui permet de réaliser des jonctions semi-conducteur/ semi-conducteur. Le facteur déterminant pour le choix de mélanger les polymères avec les nanoparticules, a été que les polymères conjugués sont plutôt des bons donneurs d'électrons, tandis que les nanoparticules sont préférentiellement des accepteurs d'électrons. Une combinaison des deux conduit alors à une jonction p-n, qui peut être parfaitement ajustée grâce aux constituants dont les niveaux énergétiques peuvent être aisément modulés. Il est à noter, que le transfert électronique entre le polymère et les nanoparticules s'effectue à l'interface qui est importante entre les deux, en raison du rapport surface/volume élevé des nanoparticules et que la matrice polymère améliore les propriétés mécaniques par rapport aux matériaux composés par des semi-conducteurs inorganiques.

Comme notre travail concerne l'effet photovoltaïque dans le système hybride l'excitation lumineuse provient d'une lampe halogène à large spectre proche du spectre solaire. Les excitons crées dans le milieu et dont la dissociation génère des porteurs responsables de l'effet photovoltaïque sont de type singulet et triplet.

Les deux transferts les plus connus sont :

> Un transfert des états triplets ou singulets du polymère vers les états triplets ou singulets de la nanoparticule à travers un échange d'électron, ce transfert est appelé Transfert de Dexter où à cause des règles de sélection seuls les transferts entre état de même multiplicité de spin sont permis ($S \rightarrow S$ et $T \rightarrow T$). Ce transfert est en général de courte portée.

> Un transfert de type dipôle-dipôle appelé transfert Förster peut s'effectuer entre des états de multiplicités différentes grâce au couplage spin-orbite qui mélange les états singulets et triplets. La probabilité de ce couplage est décrite par l'élément de matrice $< T / H_{SO} / S >$ où H_{SO} est l'hamiltonien spin orbite.

Ces deux types de transfert sont résumés sur la figure 22 :

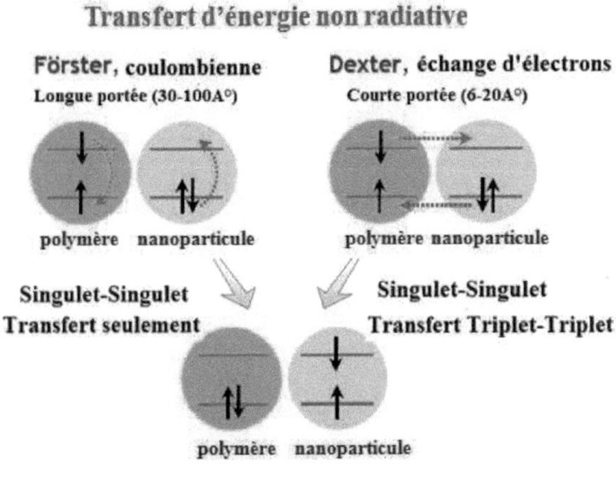

Figure 22: Transfert d'énergie nonradiative Förster, Dexter.

En toute généralité et comme d'autres voies de transfert (figure 23) des excitons et des porteurs de charge sont possibles dans un composite polymère/nanoparticule, selon les énergies de gap du polymère organique (donneur) et la nanoparticule inorganique (accepteur) les voies de transfert sont :

a- création d'un exciton dans le polymère suivi d'un transfert d'électron dans la nanoparticule

b- création d'un exciton dans le polymère suivi d'un transfert de cet exciton dans la nanoparticule suivi d'un transfert de trous dans le polymère.

c- création d'un exciton dans la nanoparticule suivi d'un transfert de trous dans le polymère

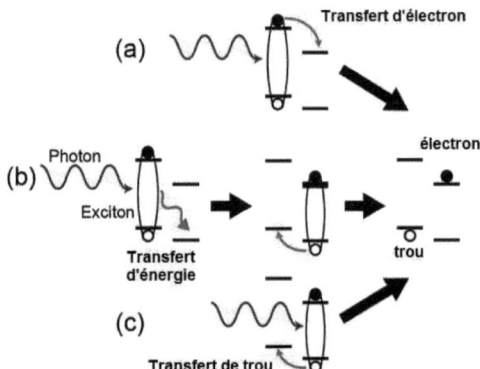

Figure 23 : Voies de transfert de charges dans les systèmes hybrides polymère/nanoparticule inorganique

Références :

[1] M.C.Daniel, D.Astruc, Chem Rev 1 (2004), 293-346

[2] Roy Chenhar, Vincent M.Rotello, Acc.Chem.Res. 36 (2003) 549-561

[3] L.Brus, J.Phys.Chem. 98 (1994)3575-3581

[4] Olga.I .Micic, Calvin J.Curtis, Kim M.Jones, Julian R. Sarrague, Arthur J.Nozik, J.Phys.Chem 98(1994) 4966-4969

[5] Frank W.Wise, Acc.Chem.Res. 33(2000)773-780

[6]M.Fernandez-Garcia, A Martinez-Arias, J.C.Hanson, J.A Rodriguez, Chem.Rev. 104 (2004)4063-4104

[7]Thèse Sandrine ITHURRIA LHUILLIER , 25 octobre 2010, Université Pierre et Marie Curie

[8] C.B. Murray, C. R. Kagan, M. G. Bawndi, Annu. Rev. Mater. Sci. 30 (2000)545-610

[9] C. B. Murray, D. J. Norris, M. G. Bawendi, Journal of the American Chemical Society 115 (1993)8706

[10] A. I. Ekimov, A. A. Onushchenko, Jetp Letters 34 (1981)345

[11] A. I. Ekimov, A. L. Efros, A. A. Onushchenko, Solid State Communications 56 (1985) 921

[12] D. Dung, J. Ramsden, M. Graetzel, Journal of the American Chemical Society 104 (1982)2977

[13] A. Henglein, The Journal of Physical Chemistry 86 (1982) 2291

[14] R. Rossetti, S. Nakahara, L. E. Brus, Journal of Chemical Physics 79 (1983)1086

[15] C. B. Murray, D. J. Norris, M. G. Bawendi, Journal of the American Chemical Society 115 (1993)8706

[16] Z. A. Peng, X. Peng, Journal of the American Chemical Society 124 (2002)3343

[17] L. Qu, Z. A. Peng, X. Peng, Nano Letters 1 (2001)333

[18] M.A. Petruska, A.V.Maliko, P.M.Voyles, V.I.Klimov, Adv. Mater 15(2003) 610

[19] A.Y.Nazzal, L.Qu, X.Peng, M.Xiao, Nano.Lett 3(2003)819

[20] P.Michler, A.Imamoglu, M.D.Mason, P.J.Carson, J.F.Strousse, S.K.Buratto, Nature 406 (2000) 968

[21] M. Han, X. Go, J.Z.Su S. Nie,Nature Biotech 19(2001) 632

[22] M. Ouang, D.D. Awschalom, Science 301 (2003) 1074

[23] Rao, C. N. R. Kulkarni, G. U. Thomas, P. J. Edwards, P. P., Chemistry-a European Journal 8 (2002) 29-35

[24] Aiken, J. D.; Lin, Y.; Finke, R. G., Journal of Molecular Catalysis a-Chemical 114 (1996)29-51

[25] Schmidt, T. J.; Noeske, M.; Gasteiger, H. A.; Behm, R. J.; Britz, P.; Brijoux, W.;

Bonnemann, H., Langmuir 13 (1997) 2591-2595

[26] Srinivasan, C.; Lee, J.; Papadimitrakopoulos, F.; Silbart, L. K.; Zhao, M. H.; Burgess,

D. J., Molecular Therapy 14 (2006) 192-201

[27] Zhao, X. J.; Hilliard, L. R.; Mechery, S. J.; Wang, Y. P.; Bagwe, R. P.; Jin, S. G.; Tan, W. H., Proceedings of the National Academy of Sciences of the United States of America 101 (2004) , 15027-15032

[28] Tansil, N. C.; Gao, Z. Q., Nanoparticles in biomolecular detection. Nano Today 1(2006)

28-37

[29] Goldman, E. R.; Anderson, G. P.; Tran, P. T.; Mattoussi, H.; Charles, P. T.; Mauro, J. M., Analytical Chemistry 74 (2002) 841-847

[30] Pathak, S.; Choi, S. K.; Arnheim, N.; Thompson, M. E., Journal of the American Chemical Society 123 (2001)4103-4104

[31] G.M.Wallraff W.D.Hinsberg, Chem.Rev. 99 (1999) 1801-1822

[32] Pierre M.Petroff, Topics in Applied Physics, (2003), 90(Single quantum dots : Fundamentals, Applications and new Concepts), 147-183

[33]   C.B.   Murray,   D.J.Norris,   Moungi   Bawendi, J.Am.Chem.Soc15(1993)8706-8715

[34] Lubomir Spanhel, Markus Haase, Horst Waller, Arnim Henglein, J. Am.Chem.Soc 109(19), 5649-5655

[35] R.Rossetti, S.Nakahara, L.E.Brus, J Chem.Phys 79 (1983) 1086-1088

[36] Elif Arici, N.Serdar Sariciftci, Dieter Meissner, Adv. Funct. Mater 13(2003)

[37] J. Scarminio, A. Urbano, B. Gardes, Materials Chemistry and Physics 61 (1999) 143-146

[38] K. Srinivas Rao, N. Singh, K. Gurunathan, R. Marimuthu, N.R.Munirathanam, T.L. Prakash, P.K. Khanna, Nano-Metal Chem. 37 (2007) 497

[39] P. Reiss, G. Quemard, S. Carayon, J. Bleuse, F. Chandezon, and A. Pron, Mater. Chem. Phys. 84 (2004) 10

[40] D. J. Norris, N. Yao, F. Charnok, and T. A. Kennedy, Nano Lett. 1(2001) 3

[41] V. V. Nikesh, A. D. Lad, S. Kimura, S. Nozaki, and S. Mahamuni, J. Appl.Phys. 100 (2006) 113520

[42] Megha Surve, Victor Pryamitsyn, and Venkat Ganesan, Langmuir 22 (2006)969-981

[43] Y. W. Jun, J. E. Koo, and J. Cheon, Chem. Commun. 14 (2000) 1243

[44] F. Teng, A. Tang, B. Feng, Z. Lou, Applied Surface Science 254 (2008) 6341 -6345

[45] Tauc J. J Non-Cryst Solids 149 (1987)97-98

[46] Megha Surve, Victor Pryamitsyn, and Venkat Ganesan, Langmuir 22 (2006) 969-981

[47] T. Trindade, P. O'Brien, Chemistry of Materials 9(1997) 523–530

[48]E.Campos-Gonzalez,P.Rodriguez-Fragozo,G.Gonzalez de la Cruz, J.Santoyo-Salazar,O.Zelaya-Angel, Journal of Crystal Growth 338 (2012) 251-255

[49] Neil.C. Greenham, Xiaogang Peng, A. Paul Alivisatos, Phys Rev B, 54(1996)17628-17637

[50] N.C. Greenham, X.G. Peng, A.P. Alivisatos, Synthetic Metals 84 (1997) 545

[51]W.U. Huynh, J.J. Dittmer, N. Teclemariam, D.J. Milliron, A.P. Alivisatos,K.W.J. Barnham, Physical Review B 67 (2003) 115326

[52] Yoonmook Kang, Nam-Gyu Park, Danghwan Kim, Appl. Phys.Lett 2005,86,No 113101

[53] Waldo J .E Beek, Martijn M. Wienek, Martijn Kemerink, Xianiu Yang, René A.J.Janssen,J.Phys.Chem B 2005, 109(19), 9505-9516

[54]Steven A.McDonald, Gerasimos Konstantatos, Shiguo Zhang, Paul W.Cyr, Ethan.J.D .Klem, Larissa Levina, Edward H. Sargent, Nature Materials 4 (2005)138-142

[55] Feng Teng , Aiwei Tang, Bin Feng, Zhidong Lou, Applied Surface Science 254 (2008) 6341 -6345

[56] S. Masala, V. Bizzarro, M. Re, G. Nenna, F. Villani, C. Minarini, T. Di Luccio, Physica E 44 (2012) 1272–1277

[57] M. Chemek, D. Khlaifi, F. Massuyeau, J.L. Duvail , E. Faulques , J. Wéry , K. Alimi, Synthetic Metals 197 (2014) 246–251

[58] Gongming Wang, Shixiong Qian, Jianhua Xu, Wenjun Wang, Xiu Liu, Xingze Lu, Fuming Li, Physica B 279 (2000) 116-119

[59] Vincent Barlier, Véronique Bounor-Legaré, Gisèle Boiteux, Joel Davenas, Agnieszka Slazak , Andrzej Rybak , Jaroslaw Jung, Synthetic Metals 159 (2009) 508–512

[60] S. Ben Dkhil, J. Davenas, R. Bourguiga, D. Cornu, Synthetic Metals 161 (2011) 1928–1933

[61] Tzong-Liu Wang, Chien-Hsin Yang, Yeong-Tarng Shieh, An-Chi Yeh, Chin-Hsiang Chen,Tsung-Han Ho, Materials Chemistry and Physics 132 (2012) 131–137

[62] J.D. Olson,G.P.Gray,S.A.Carter,Sol.EnergyMater.Sol. Cells93 (2009)519–523

[63]M.D.Heinemann,K.Vonmaydell,F.Zutz,J.Kolny-Olesiak,H.Borchert,I.Riedel,J.Parisi,Adv.Funct.Mater.19(2009)3788-3795

[64]Yunfei Zhou, Frank S. Riehle,Ying Yuan,Hans-Frieder Schleiermacher,Michael Niggemann, Gerald A. Urban and Michael Krüger, APPLIED PHYSICS LETTERS 96 (2010) 013304

[65]N.T.N.Truong, W.K.Kim, U.Farva, X.D.Luo, C.Park, Sol.Energy Mater.Sol.Cells 95(2011)3009-3014

[66]N.Radychev, I.Lokteva, F.Witt, J.Kolny-Olesiak, H.Borchert, J.Parisi, J.Phys.Chem. C115(2011) 14111–14122

[67]M.J. Greaney, S.Das,D.H.Webber, S.T.Bardforth, R.L.Brutchey, ACS Nano 6(2012)4222–4230

[68] Fen Qiao, Solid-State Electron.82(2013)25–28

[69]W.F.Fu, Y.Shi, L.Wang, M.M.Shi, H.Y.Li, H.Z.Chen, Sol.Energy Mater.Sol.Cells 117(2013)329–335

Chapitre 3 :

Principes et techniques de caractérisation des couches hybrides

$\mathbf{D}$ans ce chapitre nous allons présenter les fondements théoriques et les aspects expérimentaux des techniques qu'on a utilisées pour caractériser les couches minces hybrides polymère/nanoparticule. Ces caractérisations nous permettront d'étudier les propriétés optiques, structurales, vibrationnelles, électriques et photovoltaïques des nanocomposites qui font l'objet de cette étude.

1. Propriétés optiques

Il est établi que l'étude de l'interaction d'un rayonnement électromagnétique avec un milieu matériel est un outil puissant pour obtenir les propriétés optiques et électroniques de ce milieu ainsi que les divers mécanismes d'interaction entre les particules qui le constituent. Lorsqu'on éclaire un matériau avec de la lumière celle-ci peut être totalement ou en partie transmise, réfléchie, absorbée ou diffusée (figure 1)

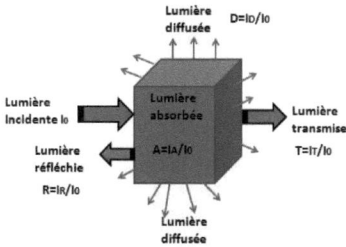

Figure 1: Lumière absorbée, transmise, réfléchie et diffusée.

On définit alors les pouvoirs de transmission (transmittance) T, de réflexion (réflectance) R , d'absorption (absorbance) A et de diffusion D de l'échantillon, comme les rapports entre les intensités respectivement transmise I_T, réfléchie I_R, absorbée I_A, diffusée I_D et l'intensité incidente I_0, la conservation de l'énergie imposant alors :

$$A+T+R+D=1 \tag{1}$$

Nous étudierons respectivement les processus de transmission, de réflexion, d'absorption et de fluorescence que nous analyserons à la lumière de modèles classique et quantique établis.

1.1 Constantes optiques

Lorsqu'un matériau est soumis à une onde électromagnétique ($\vec{E}, \vec{B}$) de pulsation w il se polarise sous l'action du champ électrique $\vec{E}$. Dans le cas des champs faibles et dans l'approximation linéaire la polarisation $\vec{P}$ du matériau considéré homogène et isotrope s'écrit :

$$\vec{P} = \varepsilon_0 \chi \vec{E} \tag{2}$$

où ε_0 est la permittivité du vide et $\chi(w)$ susceptibilité du matériau qui est en fonction de la pulsation w. On introduit également le vecteur déplacement électrique $\vec{D}$ défini par :

$$\vec{D} = \varepsilon_0 \vec{E} + \vec{P} = \varepsilon_0 (1+\chi)\vec{E} = \varepsilon(w)\vec{E} \tag{3}$$

ε est la constante diélectrique du matériau qui peut s'écrire aussi sous la forme :

$$\varepsilon = \varepsilon_0 \varepsilon_r \tag{4}$$

avec $\varepsilon_r(w) = 1 + \chi(w)$, ε_r est la constante diélectrique relative.

Lorsque l'onde électromagnétique est sinusoïdale, $\varepsilon(w)$ et donc $\varepsilon_r(w)$ sont complexes et l'on a :

$$\varepsilon(w) = \varepsilon'(w) + i\varepsilon''(w) \tag{5}$$

$$\varepsilon_r(w) = \varepsilon_r'(w) + i\varepsilon_r''(w) \tag{6}$$

En utilisant les équations de Maxwell on montre que $\varepsilon_r'(w)$ et $\varepsilon_r''(w)$ sont reliés à l'indice de réfraction n(w) et au coefficient d'extinction (où d'absorption) $k(w)$ par :

$$n^2(w) - k^2(w) = \varepsilon_r'(w)$$
$$2n(w)k(w) = \varepsilon_r''(w) \tag{7}$$

Dans le cas d'un matériau hétérogène $\varepsilon(w), n(w)$ et $k(w)$ dépendent du point d'excitation du matériau et la réponse optique résulte à la fois de la réfraction, de l'absorption mais aussi de la diffusion de la lumière par les hétérogénéités présentes dans le milieu. Lorsque le matériau est homogène aucune diffusion n'est perçue et $\varepsilon(w)$, $n(w)$ et $k(w)$ peuvent décrire convenablement les propriétés optiques du matériau.

1.2 Modèles du milieu effectif

Les systèmes hybrides organiques/inorganiques qui font l'objet de notre travail sont des nanocomposites formés d'une matrice polymère incorporant des nanoparticules inorganiques. Ce sont donc des milieux hétérogènes et lorsqu'on les éclaire par une lumière de longueur d'onde très grande devant la dimension des hétérogénéités qui sont dans ce cas les nanoparticules dispersées dans la matrice, on peut négliger la diffusion et considérer le milieu homogène à l'échelle macroscopique. Un tel milieu est appelé milieu effectif et sa réponse à une excitation optique peut être décrite à l'aide de grandeurs effectives telles que l'indice de réfraction (n_{eff}), le coefficient d'extinction (k_{eff}) et la constante diélectrique effective (ε_{eff}). Les grandeurs peuvent être déterminées expérimentalement à partir des spectres de transmission et de réflexion.

Plusieurs modèles théoriques ont été proposés [1] pour calculer en particulier ε_{eff} mais les trois qui sont les plus fréquemment utilisés pour décrire les propriétés optiques des nanocomposites sont les modèles de Maxwell-Garnett (1904) et le modèle de Bruggeman (1935). Les deux modèles correspondent à des cas limites d'agrégats interagissant faiblement ou fortement entre eux et reposent sur le même principe de calcul de la fonction diélectrique complexe des milieux isolants à partir du champ électrique local $\vec{E}$ et la polarisation $\vec{P}$. Le modèle de Bergman est une description générale d'un milieu effectif dans l'approximation adiabatique.

1.2.1 Modèle de Maxwell-Garnett

On suppose que les nanoparticules sont identiques, groupées en familles j contenant chacune N_j nanoparticules et que les interactions entre nanoparticules sont faibles. On considère que les nanoparticules sont sphériques de rayon R_j, de permittivité diélectrique relative ε_{nj} et reparties de façon homogène dans la matrice polymère de permittivité ε_p (figure 2).

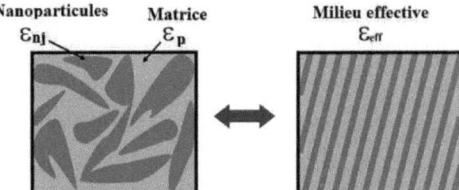

Figure 2: Représentation du milieu effectif.

On note alors ε_{eff} la permittivité effective du milieu hybride de sorte que la polarisation macroscopique $\vec{P}$ est reliée au champ électrique $\vec{E}$ par :

$$\vec{P} = \varepsilon_0(\varepsilon_{eff} - \varepsilon_p)\vec{E} \tag{8}$$

$$\text{Où } \vec{P} = \sum_j N_j \vec{P_j} \text{ avec } \vec{P_j} = \varepsilon_0 \varepsilon_p \alpha_j E_{loc} \tag{9}$$

α_j étant la polarisabilité et $\vec{E}$ est relié au champ local auquel est soumise les nanoparticules par :

$$\vec{E}_{loc} = \vec{E} + \frac{\vec{P}}{3\varepsilon_0} \tag{10}$$

En combinant les équations (8), (9) et (10) on aboutit à :

$$\frac{\varepsilon_{eff} - \varepsilon_p}{\varepsilon_{eff} + 2\varepsilon_p} = \frac{1}{3}\sum_j N_j \alpha_j \tag{11}$$

En utilisant l'expression de la polarisabilité α_j [2]

$$\alpha_j = 4\pi R_j^3 \frac{\varepsilon_{nj} - \varepsilon_p}{\varepsilon_{nj} + 2\varepsilon_p} \tag{12}$$

et en introduisant la fraction volumique f_j qui représente la fraction de l'élément de volume occupée par les nanoparticules de la famille j :

$$f_j = \frac{4}{3}\pi R_j^3 N_j \tag{13}$$

on obtient la formule de Maxwell-Garnett :

$$\frac{\varepsilon_{eff} - \varepsilon_p}{\varepsilon_{eff} - \varepsilon_p} = \sum_j f_j \frac{\varepsilon_{nj} - \varepsilon_p}{\varepsilon_{nj} + 2\varepsilon_p} \tag{14}$$

En moyennant sur toutes les nanoparticules on obtient la forme suivante :

$$\frac{\varepsilon_{eff} - \varepsilon_p}{\varepsilon_{eff} + 2\varepsilon_p} = f \frac{\varepsilon_n - \varepsilon_p}{\varepsilon_n + 2\varepsilon_p} \tag{15}$$

Cette formule montre que ε_{eff} dépend bien des constituants du matériau hybride (polymère+nanoparticules) à travers leurs permittivités diélectriques respectives. On montre aussi que la limite de validité de cette formule est estimée par une fraction volumique totale de nanoparticules $f = \sum_j f_j$ de

l'ordre de 0.1 (10%).

1.2.2 Modèle de Bruggeman

Dans ce modèle on considère que les interactions entre les nanoparticules sont fortes et qu'elles baignent dans le milieu effectif de permittivité diélectrique ε_{eff} (figure 2). Ceci revient à remplacer dans la formule de

Maxwell-Garnett la permittivité ε_p de la matrice polymère par ε_{eff}, on obtient alors :

$$\sum_j f_j \frac{\varepsilon_{n,j} - \varepsilon_{eff}}{\varepsilon_{n,j} + 2\varepsilon_{eff}} = 0 \qquad (16)$$

Et en moyennent sur toutes les nanoparticules :

$$(1-f)\frac{\varepsilon_{eff}}{\varepsilon + 2\varepsilon_{eff}} + f\frac{\varepsilon - \varepsilon_{eff}}{\varepsilon + 2\varepsilon_{eff}} \qquad (17)$$

C'est la formule de Bruggeman qui suggère que chaque nanoparticule interagit avec toutes les autres et que ε_{eff} dépend essentiellement de la nature des nanoparticules et de la fraction volumique de chacune de leurs familles.

1.2.3 Modèle de Bergman

Les deux modèles précédents ne tiennent pas compte de la topologie du milieu puisque le seul paramètre pris en compte est la fraction volumique f. La représentation de Bergman [3] est un modèle plus général que les autres car il prend en compte toutes les topologies possibles du milieu.

La fonction diélectrique effective s'écrit dans ce cas de la façon suivante:

$$\varepsilon_{eff} = \varepsilon_p (1 - f\int_0^1 \frac{g(n,f)}{t-n} dn) \qquad (18)$$

Avec $t = \dfrac{\varepsilon_p}{\varepsilon_p - \varepsilon}$

Dans cette expression, g(n,f) représente la densité spectrale qui est une fonction normalisée dépendant uniquement de la géométrie du système ($\int_0^1 g(n,f)dn = 1$).

2. Variations de constantes optiques avec la longueur d'onde

2.1 Indice de réfraction

2.1.1 Modèle de Cauchy

Le modèle le plus simple est le modèle de Cauchy qui stipule que l'indice de réfraction n varie avec la longueur d'onde λ de la lumière excitatrice selon la forme :

$$n(\lambda) = A + \frac{B}{\lambda^2} \qquad (19)$$

où A et B sont les paramètres de Cauchy.

Une autre approche dite de l'oscillateur harmonique a été proposée par Sellmeier [4] qui donne une relation de dispersion sous forme d'un développement :

$$n^2 = 1 + \frac{a_1\lambda^2}{\lambda^2 - \lambda_1^2} + \frac{a_2\lambda^2}{\lambda^2 - \lambda_2^2} + \dots = 1 + \sum_{i=1}^{n} \frac{a_i\lambda^2}{\lambda^2 - \lambda_i^2} \qquad (20)$$

où a_i et λ_i sont les coefficients de Sellmeier. Cette relation a été simplifiée par Moss [5] pour s'écrire sous la forme :

$$n^2 - 1 = \frac{S_0^2 \lambda^2}{(1 - \lambda_0^2)/\lambda} \qquad (21)$$

où S_0 est la valeur moyenne de la force d'oscillateur de Sellmeier qui est telle que $S_0 / \lambda_0 = n_\infty^2 - 1$ où n_∞ est la valeur limite de n pour les hautes fréquences et λ_0 est la valeur moyenne de la longueur d'onde des oscillateurs.

2.1.2 Modèle de Lorentz

C'est un modèle qui s'applique aux diélectriques et suppose que les électrons qui sont soumis au champ électrique sinusoïdal de l'onde électromagnétique sont liés à leurs positions d'équilibre par une force de rappel résultant de leurs interactions coulombiens avec les noyaux des atomes du solide et qui sont amortis à cause de leur interaction avec le reste du milieu. Le solide est considéré aussi comme un ensemble d'oscillateurs de fréquences caractéristiques différentes ; on montre alors que pour un seul oscillateur et pour les grandes longueurs ($n^2 \gg k^2$) on a :

$$\varepsilon' = n^2 - k^2 = \varepsilon_\infty - \frac{\varepsilon_\infty w_p^2}{4\pi^2 c^2}\lambda^2 = \varepsilon_\infty - a\lambda^2 \qquad (22)$$

$$\varepsilon'' = 2nk = \frac{\varepsilon_\infty w_p^2}{8\pi^3 c^3 \tau}\lambda^3 = b\lambda^3 \qquad (23)$$

où ε_∞ est la valeur limite de la constante diélectrique pour les hautes fréquences, w_p est la pulsation plasma ($w_p^2 = \dfrac{Ne^2}{\varepsilon_\infty m_e}$) et τ un temps de relaxation traduisant l'amortissement qui résulte des différentes collisions.
On montre également que pour $n^2 \gg k^2$, on a :

$$n^2 \approx \varepsilon' \approx \varepsilon_\infty - \frac{\varepsilon_\infty w_p^2}{4\pi c^2}\lambda^2 \qquad (24)$$

2.1.3 Modèle de Wemple –DiDomenico

C'est un modèle qui dérive des modèles de Mos et de Lorentz, il est appelé aussi modèle effectif de l'oscillateur unique (single effective oscillator model) ou modèle de dispersion de l'indice de réfraction (refractive index dispersion model).

Le solide est considéré comme un ensemble d'oscillateurs atomiques, chaque oscillateur a une fréquence propre caractéristique et peut être le siège d'un phénomène de résonance.

Du point de vue quantique, ces fréquences correspondent à celles nécessaires pour produire des transitions de la bande de valence à la bande de conduction. Le modèle de l'oscillateur effectif unique consiste à considérer un seul oscillateur ayant une contribution dominante, c'est-à-dire correspondant à la transition la plus probable et de négliger les effets des autres oscillateurs.

L'indice de réfraction peut alors s'exprimer de la façon suivante:

$$n^2 - 1 = \frac{E_d E_0}{E_0^2 - E^2} \qquad (25)$$

où $E = \hbar w$ est l'énergie, E_0 est l'énergie de l'oscillateur unique, dominant et E_d l'énergie de dispersion, elle est associée à la probabilité des transitions.

2.2 Coefficient d'absorption

Il peut être évalué à partir des relations de Fresnel en utilisant les coefficients de transmission T et de réflexion R. On montre que dans le cas d'une incidence normale, on obtient pour une couche d'épaisseur d la forme approchée suivante :

$$e^{-\alpha d} \approx \frac{T}{(1 - R^2)} \qquad (26)$$

Qui donne : $\alpha \approx \frac{1}{d} \log \frac{(1-R)^2}{T}$

Mais il est plus simple d'évaluer $\alpha(w)$ en fonction du coefficient d'extinction k, surtout que k peut être extrait des spectres de transmission et de réflexion à partir d'un code de calcul adéquat :

$\alpha(w)$ s'exprime alors sous la forme :

$$\alpha(w) = \frac{4\pi}{\lambda} k(w) \qquad (27)$$

2.3 Gap optique

Le coefficient d'absorption α(w) peut être également lié au gap optique. En effet, l'absorption d'un photon d'énergie $\hbar w$ peut faire passer un électron de la bande de valence à la bande de conduction, et dans l'approximation dipolaire électrique, le coefficient d'absorption est proportionnel à la probabilité de transition Γ_{vc} par unité de temps pour faire passer un électron de la bande de valence à la bande de conduction. Cette probabilité est donnée par la règle d'or de Fermi :

$$\Gamma_{vc} = 2\pi\hbar \left(\frac{eA_0}{m}\right)^2 |M_{cv}|^2 \delta\left[E_c(\vec{k}_c) - E_v(\vec{k}_v) - \hbar w\right] \qquad (28)$$

Dans le cas d'une transition directe permise on a:

$$\Gamma_{vc} = 2\pi\hbar \left(\frac{eA_0}{m}\right)^2 |M_{cv}|^2 \delta\left[E_g + \frac{\hbar^2 k^2}{2\alpha} - \hbar w\right] \qquad (29)$$

où A_0 est l'amplitude du potentiel vecteur $\vec{A}$, m est la masse de l'électron M_{cv} l'élément de matrice optique, E_g l'énergie de la bande interdite et E_c et E_v les énergies correspondant aux bandes de conduction et de valence, $\vec{k}$ est le vecteur d'onde et μ la masse réduite $\dfrac{1}{\mu} = \dfrac{1}{m_c} + \dfrac{1}{m_v}$, m_c et m_v étant respectivement les masses effectives de l'électron dans les bandes de valence et de conduction.

Le coefficient d'absorption α(w) est défini alors comme l'énergie absorbée par unité de temps et de volume sur le flux d'énergie électromagnétique ϕ :

$$\phi = \frac{1}{2} w^2 n\varepsilon_0 cA_0^2 \qquad (30)$$

n est l'indice de réfraction, ε_0 la permittivité du vide et c la célérité de la lumière. On trouve en définitive [6] après calcul laborieux mais non difficile que :

$$\alpha(w) = K(\hbar w - E_g)^{1/2} \tag{31}$$

où K est une constante dépendant des données du problème. Cette relation s'écrit aussi sous la forme :

$$\alpha^2(w)\left[(\hbar w)\right]^2 = A(\hbar w - E_g) \tag{32}$$

avec $A = \dfrac{8\mu^3 e^4}{\hbar^4 \pi^2 m^4 n^2 \varepsilon_0^2 c^2}\left|M_{cv}\right|^4$.

Cette formule est connue sous le nom de relation de Tauc [7] et est valable uniquement dans le cas des transitions directes permises. Le tracé de $\alpha^2(\hbar w)^2$ en fonction de $\hbar w$ est une droite dont l'intersection avec l'axe des énergies donne l'énergie du gap E_g et la pente permet d'accéder à l'élément de matrice optique M_{cv}.

Dans le cas des transitions directes interdites on montre que la relation de Tauc s'écrit sous la forme :

$$\alpha(w) = K^{'}(\hbar w - E_g)^{3/2} \tag{33}$$

2.4 Dispositif expérimental

Pour déterminer les constantes optiques de nos systèmes hybrides on a utilisé comme technique expérimentale la spectroscopie de transmission et de réflexion.

2.4.1 Spectroscopie de transmission-réflexion

Les mesures de transmission et de réflexion ont été effectuées au LPMC. Le dispositif expérimental est représenté sur la figure 3, il comprend un spectrophotomètre à double faisceau de marque VARIAN (type Cary 5 E) qui permet d'obtenir des spectres dans une gamme de longueur d'onde allant de l'ultraviolet à l'infrarouge (200 à 3300 nm), avec lequel nous pouvons mesurer la transmittance et la réflectance de nos films.

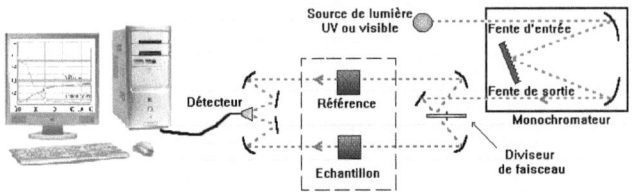

Figure 3: Dispositif expérimental des mesures de transmission et de réflexion optiques.

Le substrat doit être transparent aux longueurs d'onde émises. Le domaine spectral étudié impose l'utilisation comme substrat du verre (visible) ou du quartz (uv-vis). Pour s'affranchir des conditions expérimentales (gaz résiduel, sensibilité du détecteur, diaphragme du porte-substrat ...), avant de mesurer la transmission de l'échantillon nous effectuons une ligne de base sans échantillon.

En général, les échantillons qui font l'objet de notre étude diffusent la lumière, il est donc nécessaire d'utiliser une sphère intégrante pour mesurer avec précision la transmittance et la réflectance. Le principe de la sphère intégrante est schématisé sur la Figure 4, la lumière diffusée par l'échantillon va subir des réflexions multiples à l'intérieur de la sphère (elle-même composée d'un matériau diffusif) avant d'être collectée par le détecteur.

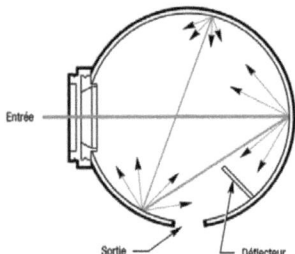

Figure 4: Principe de fonctionnement d'une sphère integrante.

Nous pouvons obtenir la réflectance et la transmittance à partir des spectres de transmission et de réflexions de nos échantillons par traitement du signal à l'aide d'un micro-ordinateur et d'un logiciel Cary.

2.4.2 Extraction des grandeurs optiques

Les grandeurs optiques de nos couches minces hybrides ont été obtenues à partir de leurs spectres de transmission et/ou de réflexion, à l'aide d'un logiciel commercial « CODE » [8].

Le logiciel nous donne l'indice de réfraction n et le coefficient d'extinction k à partir de l'épaisseur mesurée d par profilométrie et de la fraction volumique expérimentale f_{mix} déterminée dans le chapitre 2. Dans la recherche d'un meilleur ajustement le logiciel utilise une fraction volumique f_{opt} et une épaisseur L_{opt} qui sont théoriques mais proches de f_{mix} et L_{mix} et mieux adaptées à la détermination de n et de k (figure 5).

Figure 5: Spectrophotomètre de transmission et de réflexion.

3. Propriétés vibrationnelles

Nous avons étudié ces propriétés par spectroscopie infrarouge à Transformée de Fourier (FTIR). La spectroscopie infrarouge est une technique non destructive qui permet d'analyser les liaisons chimiques présentes dans un échantillon, grâce à leurs vibrations caractéristiques.

Les molécules peuvent être modélisées par des masses reliées entre elles par des ressorts. De l'énergie peut alors être absorbée à des fréquences de résonance des modes propres dont la valeur dépend des masses et des constantes de raideur des ressorts. L'absorption du rayonnement infrarouge a lieu à des fréquences qui sont celles des oscillations propres du moment dipolaire et l'intensité absorbée est de la forme :

$$\int \alpha_v dV = \left(\frac{N\pi}{3c^2} \right) \left(\frac{\partial \vec{u}}{\partial Q} \right)$$ (34)

Avec α_v le coefficient d'absorption à la fréquence v, $\vec{\mu}$ le moment dipolaire et Q la coordonnée normale.

L'analyse s'effectue à l'aide d'un spectromètre à transformée de Fourier dont la source polychromatique envoie sur l'échantillon un rayonnement infrarouge dont l'absorption par l'échantillon est mesurée par un détecteur, par l'intermédiaire d'un interféromètre de Michelson (figure 6). L'intensité des pics obtenus est proportionnelle à la concentration de la liaison responsable de l'absorption.

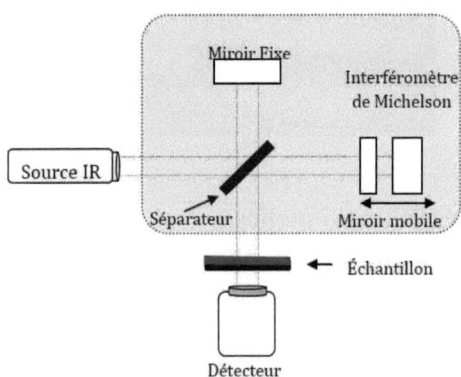

Figure 6: Principe du spectromètre infrarouge à transformée de Fourier.

Le dispositif utilisé est un spectromètre à transformée de Fourier BRUKER modèle Vector 33 sur une gamme de longueur d'onde allant de 400 à 4000 cm^{-1} (infrarouge moyen), avec une résolution de 4 cm^{-1}.

Avant chaque mesure on réalise le spectre d'un substrat nu pour s'affranchir de l'absorption de celui-ci et de l'atmosphère gazeuse de l'enceinte (référence).

Le substrat doit être transparent aux longueurs d'onde émises, l'intervalle d'étude impose donc l'utilisation du silicium cristallin intrinsèque.

4. Propriétés structurales

L'étude des propriétés structurales des couches minces hybrides est réalisée par deux techniques complémentaires : la microscopie électronique à balayage (MEB) et la microscopie à force atomique (AFM).

Avant ces caractérisations nous avons déterminé par profilométrie l'épaisseur des couches minces qui est un paramètre fondamental pour l'analyse des propriétés optiques, structurales et électriques de ces couches.

La profilométrie est une technique qui permet de mesurer l'épaisseur des couches minces déposées ainsi que les contraintes résiduelles qui y sont présentes. Elle repose sur l'interaction mécanique d'une pointe avec la surface de la couche par un balayage de celle-ci sur une distance suffisante pour que le stylet parcoure les deux zones (zone avec et sans dépôt). La figure 7 donne le principe de mesure du profilomètre. En fait, lors de la préparation de l'échantillon, un masque est réalisé afin d'avoir une zone laissée vierge à la surface du substrat. L'appareil utilisé est un DEKTAK – III ST accompagné d'un logiciel de traitement du signal.

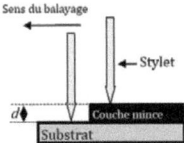

Figure 7:Principe de la mesure de l'épaisseur par profilométrie DEKTAK-III.

4.1 Microscopie électronique à balayage MEB

Cette technique est basée sur l'émission d'électrons produits par une cathode et la détection de signaux provenant de l'interaction de ces électrons avec l'échantillon.

L'interaction du faisceau d'électrons d'énergie E avec la surface de l'échantillon génère la formation de différentes particules comme le montre la figure 8.

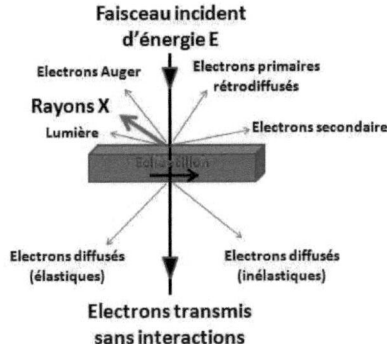

Figure 8 : Particules émises lors de l'interaction électron-matière.

Les trois principaux signaux utilisés en microscopie électronique à balayage sont ceux produits par les électrons secondaires, les électrons rétrodiffusés et les rayons X :

- les électrons secondaires sont crée par l'éjection d'un électron faiblement lié d'un atome de l'échantillon par un électron incident qui lui a cédé une partie de son énergie. Ces électrons qui possèdent une faible énergie cinétique permettant d'obtenir des renseignements sur la topographie de l'échantillon.
- Les électrons rétrodiffusés sont des électrons incidents qui sont entrés en collision avec des noyaux des atomes de l'échantillon. Ces électrons qui repartent avec une énergie proche de leur énergie initiale E permettent d'obtenir une image par contraste.

La figure 9 illustre les principaux constituants d'un microscope électronique à balayage.

Dans le cas de notre étude, le MEB a été utilisé afin d'obtenir une information sur la morphologie de nos couches minces ainsi que la taille des nanoparticules dispersés dans le polymère. Les micrographies relatives aux couches hybrides PVK/ZnSe ont été réalisées par un MEB à haute résolution (Zeiss modèle ultra plus Germany) et celles relatives aux couches hybrides P3HT/CdSe films sont obtenues par un MEB modèle (Philips XL30).

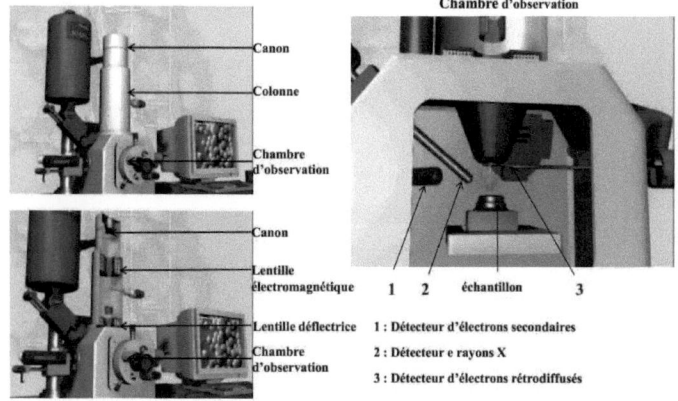

Figure 9 : Principe de fonctionnement du MEB.

4.2 Microscopie à force atomique AFM

La cartographie locale de la topographie d'une surface par microscopie à force atomique AFM repose sur l'interaction électrostatique attractive ou répulsive entre une pointe d'un levier avec la surface de l'échantillon à étudier selon la distance pointe–surface (voir figure10). En fait la pointe d'une taille micrométrique du *"cantilever"* (microlevier+pointe) très flexible subit de la part de la surface une force de type $F = C\Delta Z$ où C est la constante de raideur du levier et ΔZ la déviation [9]. Un système de piézoélectrique fixe permet d'exciter le système cantilever à une certaine fréquence de vibration. La pointe oscille à la surface de l'échantillon, la déviation de la pointe en interaction avec la surface de l'échantillon est dans la plupart des cas mesurée par réflexion d'un rayon laser à l'extrémité de la face arrière du cantilever. Le rayon laser réfléchi est détecté avec une photodiode. Cette déflexion est révélatrice de l'existence des forces électrostatiques et fournit la cartographie de la surface de l'échantillon à mesurer.

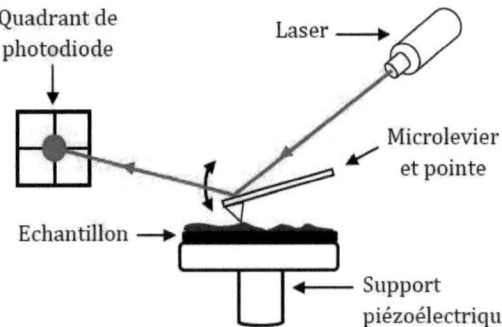

Figure 10 : Principe de fonctionnement de microscopie à force atomique.

118

5. Caractérisation photovoltaïque

Nous avons dans le chapitre 1 décrit les mécanismes de conduction dans les polymères qui sont gouvernés par les pouvoirs d'injection des électrodes, la densité des pièges présents et la mobilité des porteurs et nous avons montré comment l'analyse des caractéristiques courant-tension à l'obscurité permet de déterminer les paramètres pertinents de la diode. Nous allons dans ce paragraphe étudier l'effet de la lumière sur la conduction et plus particulièrement l'effet photovoltaïque dont nous avons rappelé les nombreuses applications.

L'effet photovoltaïque est la conversion de l'énergie lumineuse en énergie électrique par un matériau semi-conducteur. Découvert en 1839 par A. Becquerel, cet effet a été peu utilisé et ce n'est qu'à la fin du vingtième siècle et à cause de la crise mondiale de l'énergie qu'il a connu un développement important dans la conversion de l'énergie solaire en énergie électrique.

5.1 Simulation du spectre solaire

La lumière qui nous parvient du soleil ne possède pas exactement le même spectre que celle émise par celui-ci. Le passage par l'atmosphère provoque une atténuation de la puissance du rayonnement solaire, voire une absorption totale de certaines bandes. Cette atténuation n'est pas homogène sur l'ensemble de la planète, car elle dépend de l'épaisseur d'atmosphère traversée, elle-même fonction de la longitude à laquelle le rayonnement est reçu. Pour tenir compte de ces différences, un coefficient x est introduit, x est appelé masse atmosphérique ou nombre d'air masse (AM$_x$) dont l'expression est :

$$x = \frac{1}{\sin \theta} \qquad (35)$$

θ représente l'élévation du soleil sur l'horizon (90° au zénith) comme le montre la figure 11, ainsi lorsque le soleil est au zénith, on dit que l'on a les conditions AM₁ car les rayons lumineux traversent une épaisseur d'atmosphère unité (7.8 km). Avec un soleil à 30° sur l'horizon, on obtient les conditions AM₂. Hors atmosphère, à haute altitude on définit les conditions AM₀.

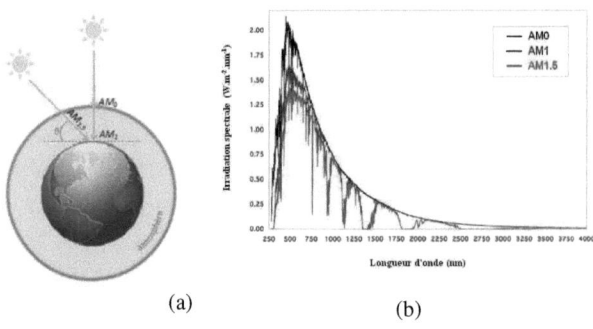

(a)   (b)

Figure 11 : a)Schéma représentant les conditions AM₀, AM₁, AM₁.₅(b)spectre d'émission solaire aux conditions AM₀, AM₁ et AM₁.₅.

5.2 Caractéristiques J-V et paramètres photovoltaïques

Les caractéristiques "densité de courant-tension" (J-V) d'une cellule photovoltaïque sont les courbes de variation de la densité de courant avec la tension à l'obscurité et sous éclairement. Elles ont la forme représentée sur la figure 12 qui indique le caractère redresseur de ces diodes et on remarque que la densité du courant sous éclairement est largement supérieure à celle du courant à l'obscurité, ceci est la signature de l'effet photovoltaïque.

Les performances d'une cellule photovoltaïque consistent en différents paramètres physiques, appelés paramètres photovoltaïques qui sont extraits de la caractéristique sous éclairement. Les caractéristiques à l'obscurité peuvent quant à elle permettre la détermination les propriétés électriques intrinsèques du matériau semi-conducteur de base.

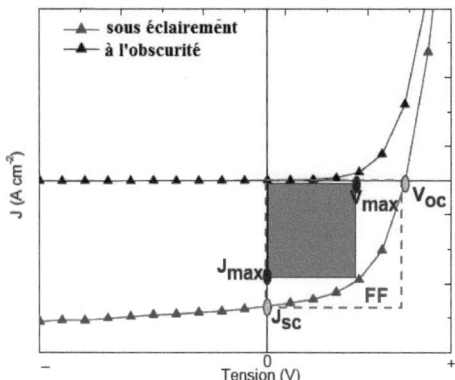

Figure 12 : Caractéristiques Courant-Tension d'une cellule photovoltaïque à l'obscurité et sous éclairement standard AM 1.5.

5.2.1 Densité de courant de court –circuit (J_{sc})

La densité de courant J_{sc} représente le courant I_{sc} délivré par la cellule divisé par sa surface active et est exprimée en mA/cm^2. Cette densité de courant est fournie par le dispositif sans application de tension aux bornes de ce dernier. Ce paramètre dépend principalement de la densité de charges photogénérées et de leur mobilité dans le matériau [10]. La densité de courant est donnée par :

$$J_{sc} = ne\mu E \qquad (36)$$

où :

n est la densité de porteurs de charges

e la charge élémentaire

μ la mobilité de porteurs de charges

E le champ électrique interne

La densité de courant J_{sc} dépend aussi de la mobilité des porteurs de charges libres dans la couche photo-active. Le faible gap énergétique et la mobilité élevée des matériaux représentent généralement les facteurs essentiels pour améliorer la densité de courant. Des études ont montré que la morphologie de la couche photo-active a un impact direct sur la densité de courant J_{sc} et sur les performances de la cellule. [11,12].

5.2.2 Tension en circuit ouvert V_{oc}

La tension de circuit ouvert V_{oc} exprimée en Volts, est la tension mesurée lorsqu'aucun courant ne circule dans la cellule. Ce paramètre dépend principalement de la différence des travaux de sortie des deux métaux utilisés comme électrodes pour les systèmes photovoltaïques organiques (PVO) étudiés dans une structure MIM.

Dans le cas des hétérojonctions en volume la tension V_{oc} dépend non seulement de la différence des travaux de sortie des électrodes [13] mais aussi elle dépend linéairement de la différence entre le niveau LUMO (orbitales moléculaires inoccupées les plus basses) du donneur et le niveau HOMO (orbitales moléculaires occupées les plus hautes) de l'accepteur [14].

Plusieurs facteurs influencent directement le V_{oc} tel que le traitement de surface, citant l'exemple du traitement de surface d'ITO, les interactions entre la couche active et les électrodes, l'addition des couches intermédiaires qui créent des dipôles électriques aux interfaces avec les électrodes et modifient les travaux de sortie (exemple le fluorure de lithium LiF, poly(éthylènedioxythiophène) dopé avec poly(styrènesulfonate) PEDOT : PSS) [15].

5.2.3 Facteur de forme FF

Le facteur de forme FF en anglais *Fill Factor* est le rapport entre la puissance maximale P_{max} qui peut être délivrée par la cellule au produit de la tension en circuit ouvert (V_{oc}) et du courant de court-circuit (J_{sc}). Il est exprimé par :

$$FF = \frac{P_{max}}{J_{sc} \times V_{oc}} = \frac{J_{max} \times V_{max}}{J_{sc} \times V_{oc}} \qquad (37)$$

J_{max} et V_{max} correspondent aux valeurs du point de fonctionnement maximal de la cellule. Dans le cas d'une cellule photovoltaïque idéale, sans pertes de charges, la puissance maximale tend vers le produit $J_{sc} \times V_{max}$, en résulte un facteur de forme qui tend vers un.

5.2.4 Rendement de conversion photovoltaïque

Le rendement de conversion photovoltaïque $\eta\%$ de la cellule est le rapport entre la puissance pouvant être délivrée par la cellule $P_{max} = J_{max} \times V_{max}$ à la puissance lumineuse incidente P_{inc}. Il dépend principalement du facteur de forme, de la puissance correspondant à l'aire du produit $J_{max} \times V_{max}$. Le rendement de conversion photovoltaïque $\eta\%$ est donné par :

$$\eta\% = \frac{P_{max}}{P_{inc}} = \frac{FF \times V_{oc} \times J_{sc}}{P_{inc}} \qquad (38)$$

5.3 Dispositif expérimental

Les caractéristiques courant-tension des cellules photovoltaïques à l'obscurité et sous éclairement ont été mesurées à l'aide d'un multimètre Keithley modèle SMU 2400 (voir figure 13) piloté par un ordinateur, qui nous permet de choisir la valeur maximale et la valeur minimale de la tension appliquée, le nombre de points, la valeur limite de courant (compliance), le temps d'intégration, le délai de balayage (sweep delay) et le pas d'incrémentation. Les contacts sur les électrodes (ITO et aluminium) sont assurés par des pointes fixées sur des déplacements micrométriques. L'éclairage des cellules se fait au moyen d'une lampe tungstène-halogène (ORIEL 66181) dont le spectre d'émission est donné dans figure 14. C'est un spectre large qui permet la création d'excitons dans le système hybride étudié, devant laquelle nous disposons un filtre thermique (SHOTT KG2) afin d'éviter de chauffer l'échantillon au cours de la mesure. La face de sortie est située en dessous de l'échantillon. L'échantillon est éclairé du côté de l'ITO. La figure 15 présente le banc de caractérisation I(V).

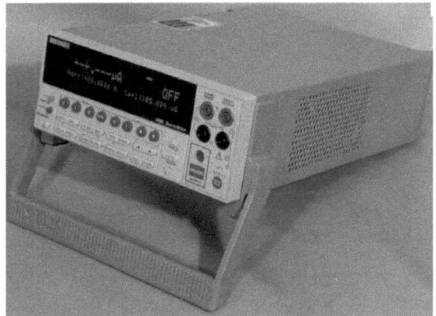

Figure 13: Multimètre Keitley 2400.

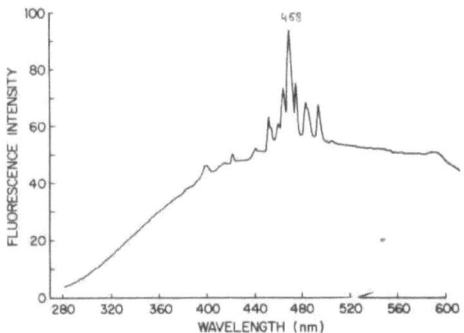

Figure 14: Spectre d'émission de la lampe tungstène-halogène ORIEL 66181.

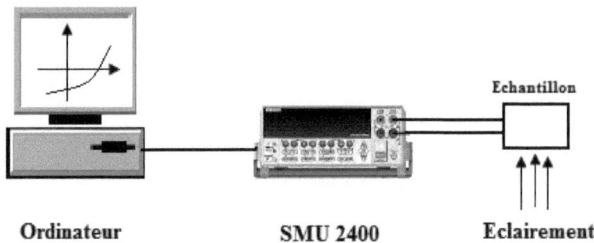

Figure 15: Banc de caractérisation I(V)

Réferences:

[1] Biruh Shimekit, Hilmi Mukhtar, Thanapalan Murugesan, Journal of Membrane Science 373 (2011) 152–159

[2] Y. Kornyushin,Ceramics International 29 (2003) 333–345

[3] D.Bergman, Physics Reports C43, 377 (1978)

[4]A.N.Alias, Z.M.Zabidi,A.M.M.Ali, M.K.Harun, M.Z.A.Yaya, Internatioal Journal of Applied Science and Technology 3 (2013)

[5]Phillips, J.C, Dielectric Definition of Electronegativity,Physical Review Letters 20 (1968) 550-553

[6] Habib BOUCHRIHA, Problèmes de mécaniques quantiques, Tome II, CPU (2011), p 500

[7]Tauc.J, Optical Properties of Amorphous Semiconductor, in Amorphous and Liquid Semiconductor, J.Tauc, Plenum Publishing Campany LTD:London (1973)

[8]W.Theiss Hard-and Software.www.wtheiss.com

[9] C. Kittel, Physique à l'état solide, Paris : 8ième édition, Dunod (2007)

[10] S. Gunes, H. Neugebauer, N. S. Sariciftci. Chem. Rev.107(2007) 1324

[11] J.M. Nunzi, Organic photovoltaic materials and devices. C. R. Physique 3 (2002) 523 [12]H. Hoppe, N.S. Sariciftci, J. Mater. Chem.16 (2006) 45

[13] G. Yu, A.J. Heeger, J. Appl. Phys. 78 (1995) 4510

[14] C.J. Brabec, A. Cravino, D. Meissner, N.S. Sariciftci, M.T. Rispens, L. Sanchez, J.C. Hummelen, T. Fromherz, Thin Solid Films 403(2002) 368

[15] S.C. Veenstra, A. Heeres, G. Hadziioannou, G.A. Sawatzky, H.T. Jonkman, Appl. Phys. A75 (2002) 661

Chapitre 4 :

Etude du système hybride PVK/ZnSe

Ce chapitre traite de l'étude optique, structurale, vibrationnelle et électrique du composite PVK/ZnSe. Le PVK est un prototype de polymère conjugué, il a fait l'objet d'un intérêt particulier à cause de ses propriétés photoconductrices intéressantes et de sa stabilité chimique et thermique. En outre sa résistivité très élevée peut être améliorée par l'incorporation de nanoparticules donnant lieu à un système hybride flexible, malléable, émissif et conducteur.

1. Etudes structurales des films de PVK : %ZnSe

L'étude des propriétés structurales a été réalisée pour quatre couches de concentrations différentes correspondantes à des épaisseurs différentes comme le montre le tableau 1 :

Tableau 1: Valeurs des épaisseurs des couches PVK/ZnSe

Echantillon	Epaisseur (nm)
PVK:0%ZnSe	225
PVK:10%ZnSe	198
PVK:30%ZnSe	180
PVK:90%ZnSe	200

La microstructure et la dispersion des nanoparticules dans la matrice de polymère pur sont cruciales afin de réaliser des matériaux nanocomposites performants. La technique de la Microscopie Electronique à Balayage (MEB) a été utilisée pour évaluer la morphologie et l'état de la dispersion des nanoparticules de ZnSe dans la matrice de PVK, et les images MEB ont été prises à différentes concentrations de ZnSe et à différents grandissements.

La figure 1 montre la microstructure de la matrice de polymère pur : un réseau hiérarchisé de pores avec une grande connectivité est clairement observé, les micropores ont une forme cylindrique de diamètre moyen d'environ 500 nm.

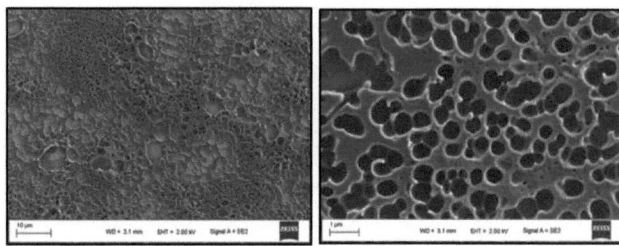

Figure 1 : Images MEB de PVK pur à faible grandissement (gauche) et fort grandissement (droite).

Les figures 2 et 3 montrent des images MEB du PVK :10%ZnSe et du PVK :30%ZnSe. On peut y déceler une dispersion homogène de NPs de ZnSe avec cependant la présence de quelques agrégats de ZnSe sur la surface des films. A un agrandissement de 1 µm, nous observons que les nanoparticules de ZnSe sont strictement confinées dans les pores et le pourcentage d'occupation est dépendant de la fraction volumique ou de la concentration de ZnSe dans le PVK.

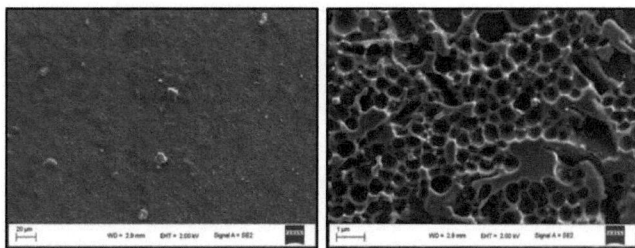

Figure 2: Images MEB de PVK :10%ZnSe à faible agrandissement (gauche) et à fort agrandissement (droite).

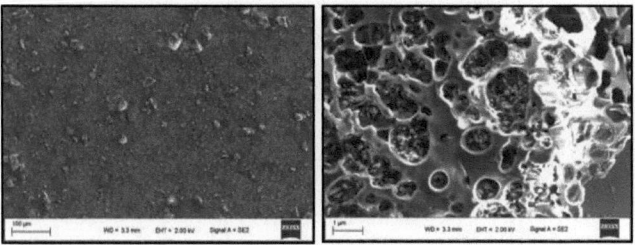

Figure 3: Images MEB de PVK :30%ZnSe à faible agrandissement (gauche) et à fort agrandissement (droite).

Aux concentrations nettement plus élevées que les précédentes la tendance est toute autre et l'on remarque un phénomène d'agrégation des NP très important comme en témoigne la figure 4 ci-dessous qui indique également que les agrégats de ZnSe sont dispersés de façon relativement homogène dans la matrice polymère.

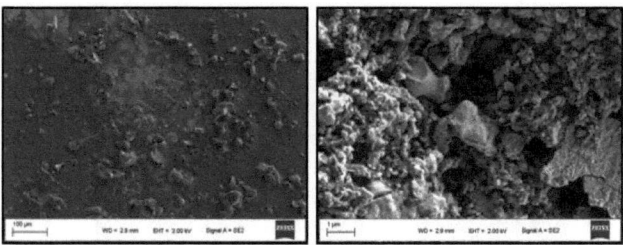

Figure 4: Images MEB de PVK :90%ZnSe à faible agrandissement (gauche) et à fort agrandissement (droite).

2. Propriétés optiques

2.1 Spectres de transmission et de réflexion

Les figures 5 et 6 montrent les spectres de transmission et de réflexion réalisés expérimentalement à l'aide du dispositif décrit dans le chapitre 3 pour le polymère pur PVK :0%ZnSe et pour les systèmes hybrides correspondants aux concentrations 10, 30 et 90%.

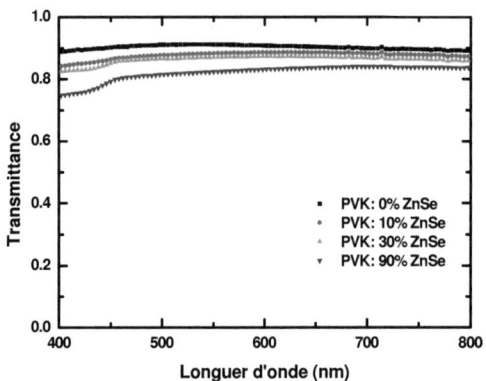

Figure 5: Spectres de transmission des composites PVK : % ZnSe.

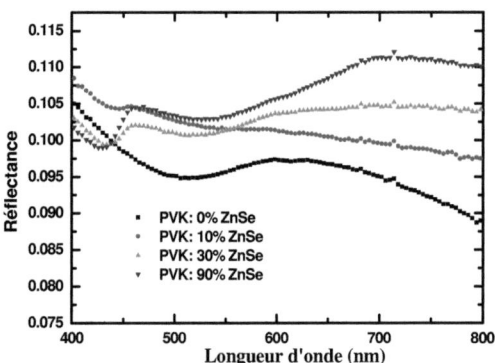

Figure 6 : Spectres de réflexion des composites PVK : % ZnSe.

On remarque que les spectres de transmission sont gouvernés essentiellement par le PVK et l'effet des nanoparticules se manifeste par une légère baisse de cette transmission qui reste élevée dans la région visible du spectre et peut atteindre 90%. La réflectivité est minimale autour de 300 nm et atteint sa valeur maximale (11.5%) aux environs de 380 nm, elle diminue entre cette valeur et 500 nm pour atteindre (9.5%) et augmente de nouveau jusqu'à saturation pour les grandes longueurs d'onde.

Pour effectuer cet ajustement nous avons utilisé la valeur de la permittivité de ZnSe déterminée par Palik [1] et modélisé les spectres de transmission et de réflexion respectivement à l'aide des modèles de Maxwell-Garnett et Bruggeman en utilisant le logiciel « CODE » (voir chapitre 3).

Nous constatons qu'il y a une différence significative et que les deux modèles donnent les mêmes résultats et fournissent un ajustement précis des courbes expérimentales comme le montre la figure 7 qui présente à titre d'exemple les ajustements des spectres des composites PVK :10%ZnSe et PVK :90%ZnSe.

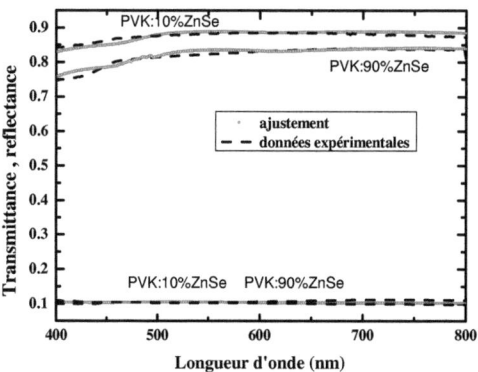

Figure 7: Exemple d'ajustement des composites PVK :%ZnSe.

2.2 Détermination des constantes optiques

L'indice de réfraction n et le coefficient d'extinction k sont extraits des spectres de transmission et de réflexion à l'aide du programme « Code ». Pour le PVK pur n et k sont déterminés par une méthode itérative car les deux modèles MME sont appliqués seulement pour les couches hybrides constitués par les mélanges de PVK et des nanoparticules.

Les figures 8 et 9 montrent respectivement les variations en fonction de la longueur d'onde de n, k, pour le PVK pur et pour les trois systèmes hybrides correspondants aux concentrations 10, 30 et 90%.

Les parties réelle ε' et imaginaire ε'' de la permittivité relative ε_r sont déterminées à partir des équations (24) et (25) du chapitre 3 à travers « Code ». Les figures 11 et 12 montrent leurs variations avec la longueur d'onde pour les quatre systèmes étudiés.

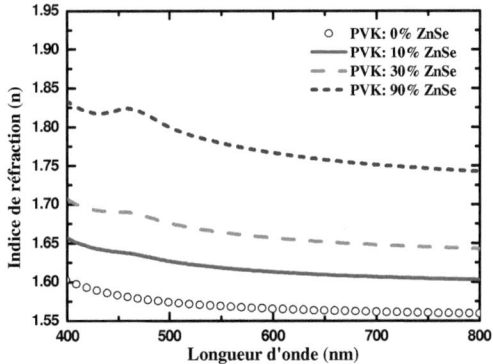

Figure 8: Indice de réfraction n des couches de PVK/%ZnSe en fonction de la longueur d'onde, méthode itérative (°), méthode de MEM (ligne).

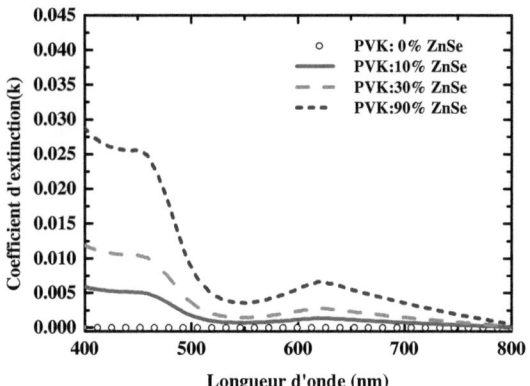

Figure 9: Coefficient d'extinction des couches de PVK/%ZnSe en fonction de la longueur d'onde, méthode itérative (°), méthode de MEM (ligne).

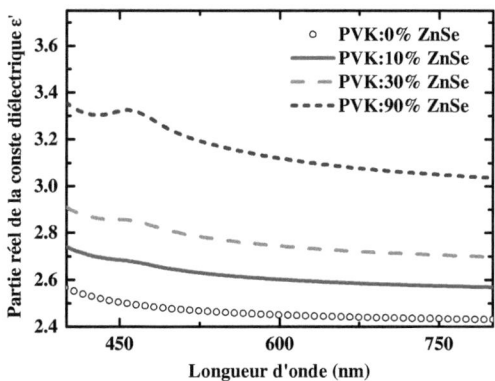

Figure 10: Partie réelle de la permittivité diélectrique des couches de PVK/%ZnSe en fonction de la longueur d'onde, méthode itérative (°), méthode de MEM (ligne).

133

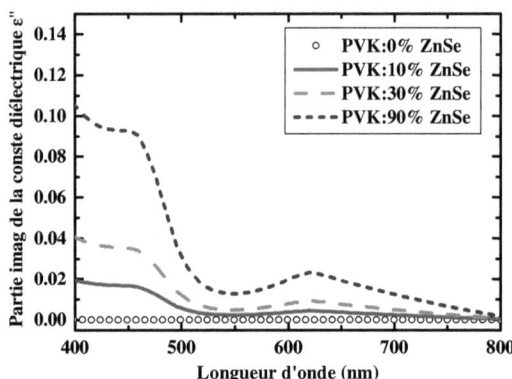

Figure 11: Partie imaginaire de la permittivité diélectrique des couches de PVK/%ZnSe en fonction de la longueur d'onde, méthode itérative (°), méthode de MEM (ligne).

On constate que pour une longueur d'onde donnée il existe une augmentation de n et k avec la concentration de ZnSe, alors que les valeurs de la transmittance ne suivent pas cette tendance car l'épaisseur des films (qui est différente d'un film à un autre) a un effet plus important sur T que la concentration de ZnSe dans cette région spectrale.

Les variations de ε' et ε'' avec la longueur d'onde ont une allure similaire à celles de n et k avec des maxima et des minima pour les petites longueurs d'ondes et une diminution vers une

saturation pour les grandes longueurs d'ondes. On constate que pour les grandes longueurs d'onde ε' atteint une valeur minimale variant de 2.4 (polymère pur) à 3.5 (90%ZnSe) alors que ε'' diminue à partir de 600 nm pour s'annuler aux grandes longueurs d'onde.

2.3 Modèles optiques

Nous nous proposons d'interpréter les résultats précédents à la lumière des modèles optiques introduits dans le chapitre 3.

a. Modèle de Cauchy

Nous avons vu que la variation de l'indice de réfraction avec la longueur d'onde peut être décrite par la loi de Cauchy :

$$n = A + \frac{B}{\lambda^2} \qquad (1)$$

La Figure 12 présente l'évolution de n en fonction de $1/\lambda^2$ pour les différentes concentrations et pour les grandes longueurs d'onde (500-700 nm) ; on obtient bien des droites de pentes positives.

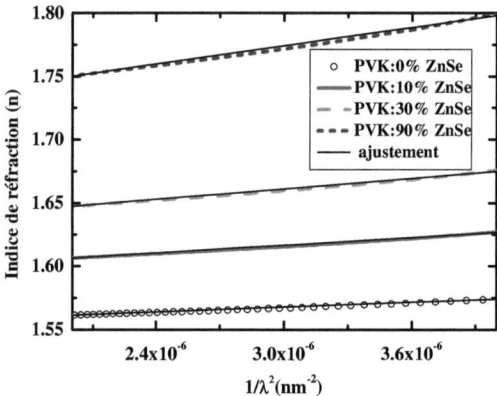

Figure 12 : Variation de l'indice de réfraction en fonction de $1/\lambda^2$.

L'ordonnée à l'origine et la pente de chacune de ces droites sont les paramètres A et B figurant dans l'équation de Cauchy que nous avons reportés dans le Tableau 2 :

135

Tableau 2 : Coefficients de Cauchy A et B de PVK/%ZnSe

Echantillon	A	B (nm^{-2})	ε_s
PVK :0%ZnSe	1.55	6314	2.40
PVK :10%ZnSe	1.58	10179	2.50
PVK :30%ZnSe	1.62	13837	2.62
PVK :90%ZnSe	1.71	24007	2.92

Nous remarquons que A augmente légèrement avec la concentration et que sa valeur est de l'ordre de 1.6 qui est celle de l'inde de réfraction du PVK pur [2]. Par contre, B augmente substantiellement avec la concentration (presque d'un facteur 4). La limite de ε' quand $\lambda \to \infty$ est $\varepsilon' \approx A^2 \approx \varepsilon_s$, ε_s est la permittivité statique, sa valeur à concentration nulle est consistante avec celle de PVK pur [3], elle augmente aussi avec la concentration.

b. Modèle de Lorentz

Nous avons vu que pour les grandes longueurs d'ondes la partie réelle de la permittivité s'exprime par [4]:

$$\varepsilon' = \varepsilon_\infty - \frac{\varepsilon_\infty w_p^2}{\omega^2} = \varepsilon_\infty - \frac{\varepsilon_\infty w_p^2}{4\pi^2 c^2}\lambda^2 = \varepsilon_\infty - a\lambda^2 \qquad (2)$$

La Figure 13 montre la variation de ε' en fonction de λ^2 pour les grandes longueurs d'onde ($\lambda > 650nm$).

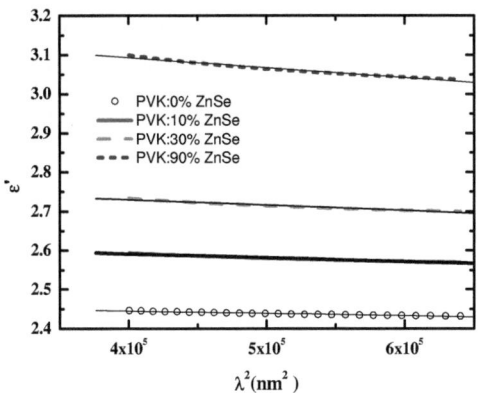

Figure 13: Variation de ε' de PVK/%ZnSe en fonction de λ^2.

On obtient pour les quatre concentrations des droites dont l'ordonnée à l'origine et la pente, permettent de déterminer les valeurs de ε_∞, w_p et N/m_e^*, ces valeurs sont reportées sur le tableau 3.

Tableau 3 : Valeurs des paramètres ε^∞, ω_p and N/m_e^*

Echantillon	ε_∞	$a \times 10^{11}$ (m^{-2})	$\omega_p \times 10^{-14}$ $(rad.s^{-1})$	$\dfrac{N}{m_e^*} \times 10^{-55}$ $(m^{-3}.kg^{-1})$
PVK :0%ZnSe	2.46	0.53	2.76	2.71
PVK :10%ZnSe	2.62	0.88	3.45	4.22
PVK :30%ZnSe	2.77	1.20	3.92	5.44
PVK :90%ZnSe	3.17	2.10	4.85	8.32

Nous remarquons que :

- la permittivité diélectrique à haute fréquence ε_∞ augmente avec la fraction volumique de ZnSe, elle est du même ordre que la constante diélectrique statique ε_s.

- la pulsation plasma w_p est de l'ordre de 10^{14} rad $.s^{-1}$, elle augmente aussi avec la fraction volumique, cela est dû probablement à l'augmentation du moment dipolaire induit par l'incorporation des nanoparticules.

↓ le rapport N/m_e^* de la densité des porteurs de charges à leur masse effective augmente également avec la fraction volumique. La valeur de N, en supposant que $m_e^* \approx m_e$, qui est d'environ 10^{16} cm^{-3} est conforme à celle obtenue dans des systèmes similaires [5]

c. Modèle de Wemple-Dodeminico

C'est le modèle de l'oscillateur effectif unique qui décrit les effets de dispersion par la formule (27) du chapitre 3 où l'indice de réfraction est relié à l'énergie de l'oscillateur par la formule :

$$n^2 - 1 = \frac{E_d E_0}{E_0^2 - E^2} \qquad (3)$$

Cette formule peut s'écrire aussi :

$$(n^2 - 1)^{-1} = \frac{E_0}{E_d} - \frac{E^2}{E_d E_0} = \alpha - \beta E^2 = f(E^2) \qquad (4)$$

A partir des valeurs expérimentales $n(\lambda)$ on peut représenter la fonction $(n^2 - 1)^{-1}$ en fonction de E^2 ($E = h\upsilon = \dfrac{hc}{\lambda}$) qui sera décrite par une droite dont la pente β et $(E_0 E_d)^{-1}$ et l'ordonnée à l'origine α donne $\dfrac{E_0}{E_d}$; on obtiendrait alors directement l'énergie de l'oscillateur unique E_0 et l'énergie de dispersion E_d à partir des relations :

$$E_0 = \sqrt{\frac{\alpha}{\beta}} \quad \text{et} \quad E_d = \frac{1}{\sqrt{\alpha\beta}}$$

Nous avons représenté sur la figure 14 l'évolution de $(n^2 - 1)^{-1} = f(E^2)$ dans le domaine des grandes longueurs d'onde (500-800nm):

138

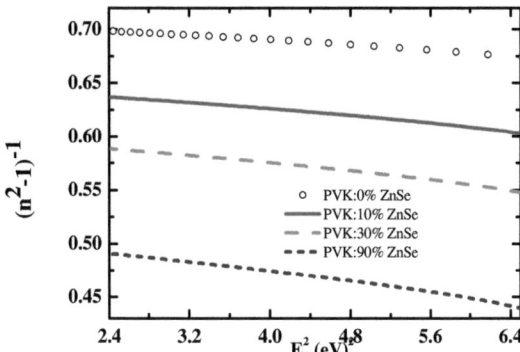

Figure 14: Variation de $(n^2-1)^{-1}$ en fonction de E^2 dans PVK/%ZnSe.

On obtient bien des droites à partir desquelles on peut déterminer les valeurs des paramètres de dispersion de Wemple-DiDomenico E_0 et E_d.

L'extrapolation de ces droites pour $E \approx 0$ donne l'indice de réfraction statique n_0 ($n_0^2 = 1 + \dfrac{E_d}{E_0}$).

Les valeurs des énergies E_0 et E_d et de l'indice n_0 sont reportées dans le tableau 4. Nous avons également reporté sur ce tableau la constante diélectrique statique $\varepsilon_s \approx n_0^2$, ainsi que l'énergie du gap qui dans ce modèle est de l'ordre de $E_g \approx \dfrac{E_0}{2}$.

Tableau 4 : Valeurs de n_0, ε_s E_d et E_0 des couches minces PVK/%ZnSe

Echantillon	n_0	ε_s	E_d(eV)	E_0(eV)	$E_g \approx E_0 / 2$ (eV)
PVK :0%ZnSe	1.55	2.40	10.02	7.12	3.56
PVK :10%ZnSe	1.6	2.56	10.87	7.07	3.53
PVK :30%ZnSe	1.63	2.65	11.68	7.04	3.52
PVK :90%ZnSe	1.72	2.95	13.21	6.88	3.44

Nous constatons que les valeurs de l'indice de réfraction n_0 et de la constante diélectrique statique ε_s sont équivalentes à celles déduites directement du modèle de Cauchy. L'énergie de dispersion E_d augmente avec l'augmentation de la concentration de ZnSe, ceci peut être interprété par la diminution de la porosité de PVK, E_d est de l'ordre de 10-13 eV. L'énergie E_0 de l'oscillateur unique diminue légèrement avec la concentration et est de l'ordre de 7 eV pour une énergie de gap de l'ordre de 3,5 eV. Ces valeurs sont en accord avec celles reportées dans la littérature [6].

2.4 Coefficient d'absorption, gap optique et conductivité optique

2.4.1 Coefficient d'absorption

Nous avons tout d'abord, tracé α en fonction de la longueur d'onde. La figure 15 représente le coefficient d'absorption $\alpha(\lambda)$ obtenu à partir de la relation (28) du chapitre 3 :

$$\alpha(\lambda) = \frac{4\pi}{\lambda} k(\lambda) \qquad (5)$$

où $k(\lambda)$ est le coefficient d'extinction.

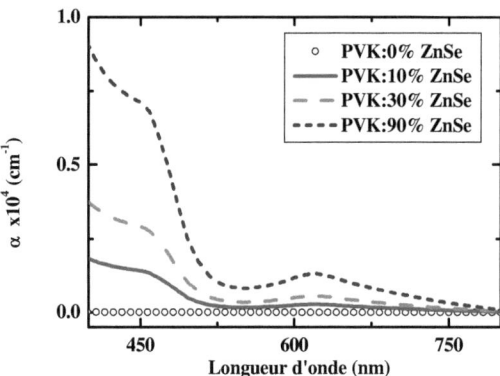

Figure 15: Evolution de l'absorption des échantillons de PVK/%ZnSe en fonction de longueur d'onde.

On remarque que l'absorption est maximale au voisinage de 400 nm où elle est voisine de 10^5 cm^{-1} elle décroit ensuite pour atteindre un pseudo-palier s'étendant entre 500 et 600 nm au-delà de cette valeur elle décroit rapidement pour s'annuler presque à 750 nm. On remarque aussi que l'incorporation des nanoparticules augmente l'absorption du composite.

Nous avons également représenté sur la figure 16 la variation du coefficient d'absorption en fonction de l'énergie $\hbar w$.

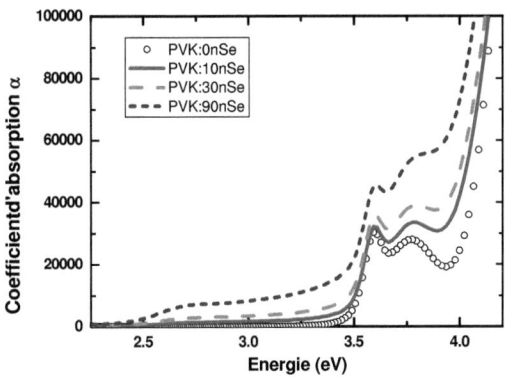

Figure 16: Evolution de l'absorption des échantillons PVK/%ZnSe en fonction de l'énergie.

2.4.2 Gap optique

Le coefficient d'absorption ainsi obtenu va nous permettre de déterminer le gap optique E_g à partir de la relation de Tauc donnée par l'équation (30) du chapitre 3[7] :

$$\alpha^2(\hbar w)\left[(\hbar w)\right]^2 = A(\hbar w - E_g) \qquad (6)$$

où A est une constante caractéristique du composite et $\hbar$ la constante de Planck.

La figure 17 représente la variation de $\alpha^2(\hbar w)\left[(\hbar w)\right]^2$ en fonction de l'énergie $(\hbar w)$ pour les différentes concentrations de ZnSe, l'extrapolation du front d'absorption par sa tangente donne une droite dont l'intersection avec l'axe des énergies donne le gap E_g. Les différentes valeurs de E_g sont reportées sur le tableau 5 :

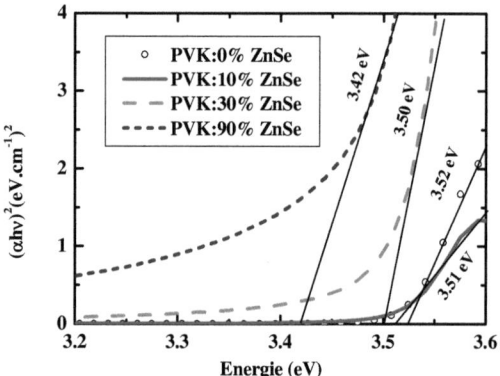

Figure 17: Energie de gap de PVK/%ZnSe.

Tableau 5:Energie du gap des différents échantillons PVK/%ZnSe

Echantillon	Eg (eV)
PVK :0% ZnSe	3.52
PVK :10% ZnSe	3.51
PVK :30% ZnSe	3.50
PVK :90% ZnSe	3.42

On remarque que l'énergie du gap diminue légèrement lorsque la concentration en nanoparticules augmente, et que cette diminution est linéaire comme le montre la figure 18.

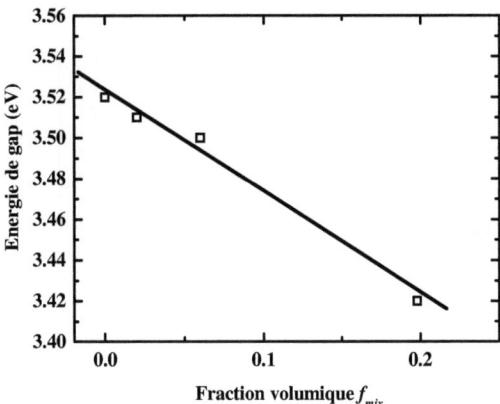

Figure 18: Evolution de la fraction théorique en fonction de la fraction expérimentale.

Pour interpréter cette dépendance linéaire nous avons utilisé la loi de Végard [8,9] reliant les gaps E_{gp} et E_{gn} du polymère et des nanoparticules à la fraction volumique :

$$E_g(f) = (1-f)E_{gp} + fE_{gn} \tag{7}$$

Cette loi peut s'écrire aussi sous la forme :

$$E_g(f) = E_{gp} - f(E_{gp} - E_{gn}) = E_{gp} - f\Delta E_g \tag{8}$$

Nous remarquons que la dépendance expérimentale de l'énergie du gap avec f est conforme à la loi de Vegard. La pente de la droite obtenue donne $\Delta E_g = 0.7eV$. En prenant $E_{gp}(0) = 3.52eV$, on obtient pour le gap des nanoparticules de ZnSe, $\Delta E_{gn} = 2.76\,eV$ (voir figure 19). Cette valeur confirme celle obtenue dans la littérature pour le ZnSe volumique (2.7 eV) [10] et avec celle que nous avons obtenu directement (2.76eV) à partir du spectre d'absorption de ZnSe en solution et de la relation de Tauc. Le petit décalage vers les hautes énergies (blue shift) entre les nanoparticules et le ZnSe massique est vraisemblablement dû à l'effet du champ cristallin [11].

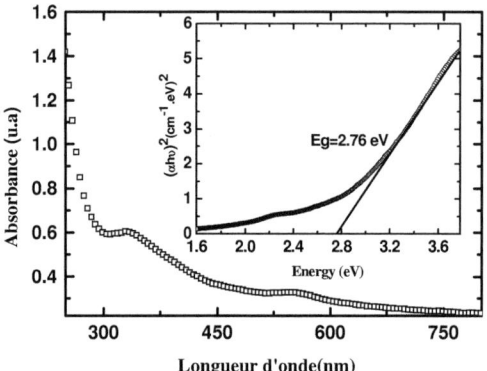

Figure 19: Spectre d'absorbance de ZnSe dissout dans le chloroforme, Inset montre que Eg=2.76 eV.

2.4.3 Conductivité optique

La réponse optique du matériau peut également être analysée en termes de conductivité optique σ_{op} [12] qui est directement proportionnelle à la partie imaginaire $\varepsilon^{''}$ de la constante diélectrique :

$$\sigma_{op}(E) = \varepsilon_0 \frac{E}{\hbar} \varepsilon^{''}(E) \tag{9}$$

où ε_0 est la permittivité du vide, $E = \hbar w$ est l'énergie des photons.

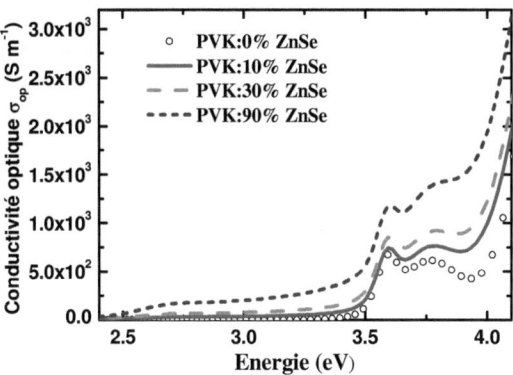

Figure 20: Variation de la conductivité optique de composites PVK:%ZnSe composites en fonction de l'énergie.

La figure 20 montre la dépendance de σ_{op} avec l'énergie E, on remarque que σ_{op} augmente avec l'énergie entre 2.5 et 3.5 eV (500-350 nm), atteint un palier légèrement structuré entre 3.5 et 4 eV (350-300nm) et croit rapidement à partir de 4 eV (300 nm) pour atteindre une valeur de $3.5.10^3 \text{S.m}^{-1}$ à 4.5 eV (275 nm) pour une fraction de volume de $f = 0.20$. Ce comportement montre que l'addition des nanoparticules améliore considérablement la conductivité de PVK.

3. Propriétés vibrationnelles: Spectroscopie infrarouge

L'analyse des spectres d'absorption infrarouge du PVK pur et du nanocomposite PVK :%ZnSe déposés sur des substrats de silicium intrinsèque montre la présence de différentes bandes correspondant chacune à une fonction chimique (figure 21 (a) et (b)). Le spectre peut être divisé en trois régions : une zone <1000 cm^{-1} et une zone >1000 cm^{-1} et une troisième >2000. On observe dans la première zone une large bande (700-750 cm^{-1}), qui indique la déformation des liaisons CH. La deuxième zone fait apparaitre les vibrations de déformation de CH$_x$ et l'élongation CN : 1157 cm^{-1}(déformation de CH dans le plan), 1224 cm^{-1} (élongation de CN), 1330 cm^{-1} (mélange entre l'élongation de CN et la déformation de CH), 1452 cm^{-1} (déformation CH), 1483 cm^{-1} (déformation CH$_x$). La troisième zone montre les vibrations : 2850 cm^{-1} (élongation CH symétrique), 2931 cm^{-1} (élongation CH assymétrique), 3052 cm^{-1} (élongation =C-H)[13,14].

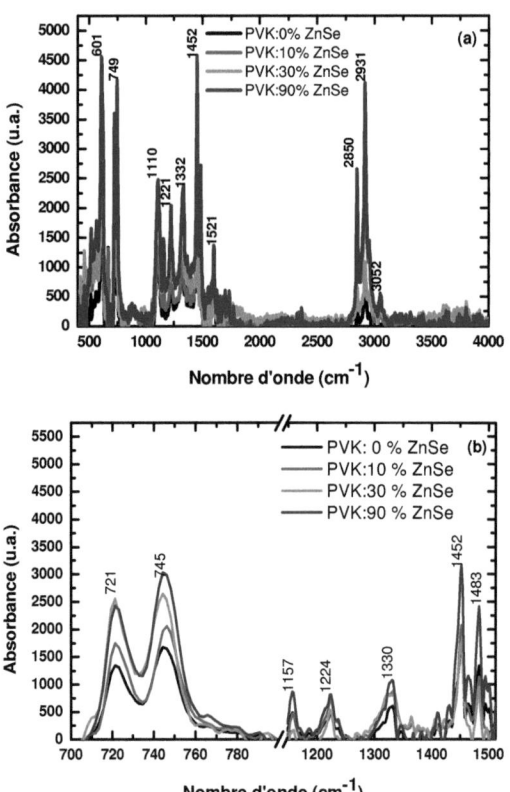

Figure 21: Spectres infrarouges des composites PVK :%ZnSe(a), agrandissement de la zone 700-1500 cm^{-1}(b).

On constate que l'incorporation de ZnSe n'engendre pas l'apparition de nouvelles bandes ce qui montre que la matrice polymère garde son individualité vibrationnelle et que l'effet de ZnSe agit uniquement sur l'intensité des bandes. Cette augmentation d'intensité peut s'interpréter comme un effet dû à l'augmentation du nombre d'oscillateurs C-H dans la matrice polymère.

4. Fluorescence des couches minces

Les spectres de fluorescence du composite PVK/ZnSe en couches minces déposées en couches sur lames de quartz sont présentés sur la figure 22. Ils ont été réalisés à la température ambiante à l'aide du dispositif expérimental décrit dans le chapitre 3 pour quatre concentrations de nanoparticules (0%, 10%, 30%, 90%) de ZnSe, en utilisant la raie excitatrice à 300 nm provenant d'une lampe halogène. La fluorescence observée couvre le domaine spectral (350-700nm) avec la présence d'un pic à 374 nm et d'un épaulement à environ 420 nm. Ces spectres de fluorescence sont principalement régis par l'émission de PVK. L'inclusion des NPs ZnSe semble affecter seulement l'intensité de fluorescence et non pas la forme des raies.

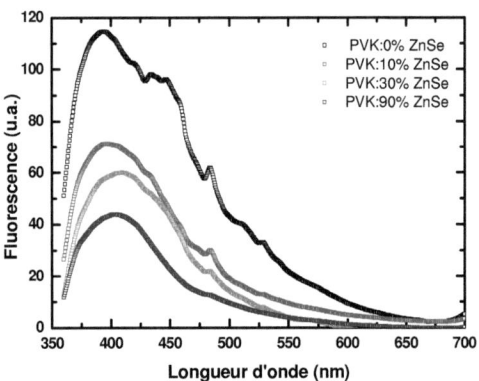

Figure 22: Profils d'intensité de la fluorescence de PVK/ZnSe en fonction de la concentration de ZnSe en couches minces normalisé avec l'épaisseur.

On remarque que cette émission diminue avec l'augmentation de la concentration de ZnSe, ce qui indique que les excitons de la matrice polymère communiquent leur énergie aux nanoparticules par un mécanisme de transfert qui réduit considérablement leur densité par piégeage ou « Quenching » qui est favorisé par le chevauchement spectral entre la fluorescence du PVK et l'absorption des nanoparticules de ZnSe (figure 23). Ce mécanisme de piégeage qui exalte les excitons des nanoparticules résulte :

-soit d'un transfert des états triplet ou singulet du polymère vers les états triplet des nanoparticules via l'échange électronique de Dexter.

-soit un transfert de Förster des états de mélange de multiplicité différente (S_P-T_N ou S_N-T_P) par couplage spin-orbite mixé conduisant à l'émission dans les nanoparticules par des excitations radiatives de l'état singulet et de l'état triplet. Des expériences plus fines de spectroscopie de fluorescence et de transitoire de temps permettraient probablement une meilleure compréhension de ces effets.

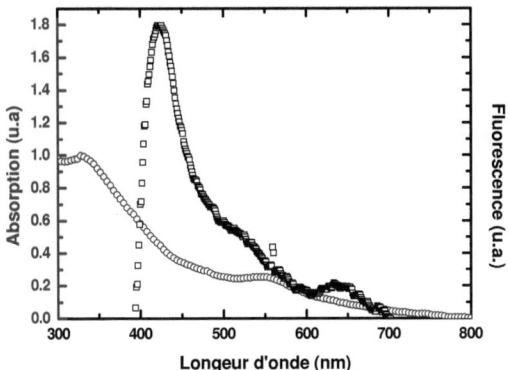

Figure 23 : Chevauchement entre le spectre d'émission de PVK et le spectre d'absorption de ZnSe.

5. Propriétés photovoltaïques

5.1 Caractéristique à l'obscurité

La figure 24 montre la caractéristique courant-tension de la cellule ITO/PVK :%ZnSe/Al à l'obscurité. En examinant cette caractéristique, on trouve que l'évolution du courant en fonction de la tension pour la structure étudiée est typique d'un comportement rectifiant d'une diode. En effet la caractéristique est dissymétrique avec un courant direct plus important que le courant inverse.

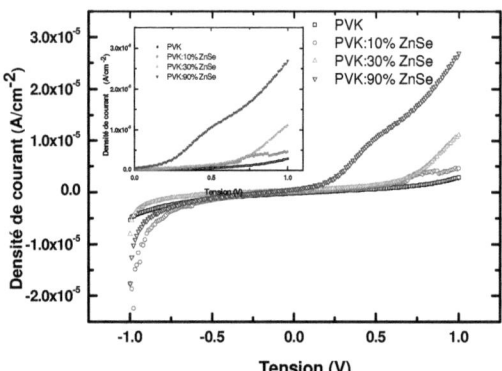

Figure 24: Charactéristique J-V de PVK:%ZnSe à l'obscurité.

Le tracé de la caractéristique J-V en échelle logarithmique log-log de la diode ITO/PVK/Al à l'obscurité pour les tensions positives (figure 25) montre que la densité de courant J suit un comportement en puissance de V ($j \propto V^n$) conforme à la situation rencontrée dans les solides moléculaires organiques où le courant est limité par la charge d'espace des porteurs injectés par les électrodes. La caractéristique met en évidence l'existence de trois régions présentant différentes valeurs de n, correspondant aux différents régimes de conduction d'un courant limité par la charge d'espace (SCLC).

Pour les tensions faibles, on a n=1.2 ($n \approx 1$ région ohmique), pour les tensions moyennes on a n=1.9 ($n \approx 2$ loi de Child) et à tension plus élevée on a n=2.7(courant limité par la charge d'espace avec remplissage de pièges).

La tension de passage entre la deuxième et la troisième région est appelée V_{TFL} (*Trap Field Limited*) et est donnée par [15]:

$$V_{TFL} = \frac{qN_t d^2}{2\varepsilon_0 \varepsilon_r} \qquad (10)$$

La mesure de V_{TFL} permet de déterminer la densité totale de pièges. Ainsi pour V_{TFL}=0.37 V et d= 225 nm et $\varepsilon_0 = 8.85.10^{-12} S.I$, $\varepsilon_r = 3$, e=1.6. 10^{-19} C on trouve une densité N_t égale à $2.4.10^{15}$ cm^{-3}. On peut également déterminer, en se plaçant dans le régime 2, la mobilité des porteurs à partir de la loi de Child qu'on trouve de l'ordre de 10^{-6} cm^2.V^{-1}.s^{-1}.

Les caractéristiques à l'obscurité tracées pour les différentes concentrations de ZnSe sont très peu différentes de celle du polymère pur et donnent des densités de pièges et des mobilités similaires. Ce qui montre que l'inclusion des nanoparticules dans la matrice polymère n'améliore pas la densité de courant d'obscurité.

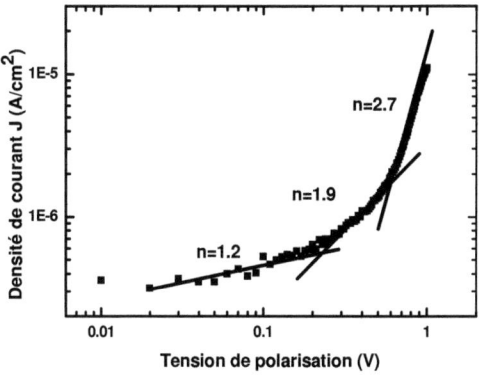

Figure 25: Caractéristique log(J)-log(V) de la diode ITO/PVK/Al à l'obscurité.

5.2 Caractéristiques sous éclairement

Nous avons réalisé les caractéristiques photovoltaïques J-V à l'aide du dispositif expérimental présenté dans chapitre 3. L'éclairement de la cellule est effectué par une lampe halogène dont on a fixé la puissance lumineuse.

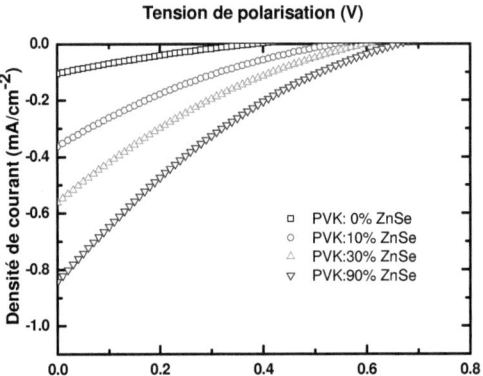

Figure 26: Caractéristique J-V de PVK:%ZnSe sous éclairement.

Nous avons présenté pour les diverses concentrations de ZnSe sur la figure 26 les caractéristiques J-V agrandis dans le quatrième quadrant (I < 0, V >0). On remarque que l'incorporation des nanoparticules dans le polymère augmente les valeurs de la tension de circuit ouvert V_{oc} et de la densité de courant de court circuit I_{cc}. Nous avons reporté dans le tableau 6 les valeurs de J_{sc} et V_{oc} ainsi que celles du facteur de forme FF et du rendement de conversion d'énergie η.

Tableau 6 : Paramètres photovoltaïques de PVK:%ZnSe composites

Echantillon	$J_{sc}(mA / cm^2)$	$V_{oc}(V)$	FF	$\eta(\%)$
PVK :0%ZnSe	0.1	0.41	0.20	0.02
PVK : 10%ZnSe	0.36	0.55	0.18	0.09
PVK : 30%ZnSe	0.56	0.60	0.18	0.15
PVK: 90%ZnSe	0.84	0.67	0.18	0.25

On remarque que le facteur de forme est faible (0.18-0.20 V) et sensiblement constant, que V_{oc}, J_{sc} et η subissent une augmentation substantielle, en particulier le rendement de conversion de la cellule PVK :90%ZnSe est d'environ 12 fois supérieur à la cellule à base de PVK pur.

Nous avons représenté sur la figure 27 (a b c) les variations de V_{oc}, J_{sc} et η en fonction de la concentration de ZnSe. On remarque que ces trois grandeurs augmentent toutes de la même façon avec l'augmentation de la concentration des nanoparticules.

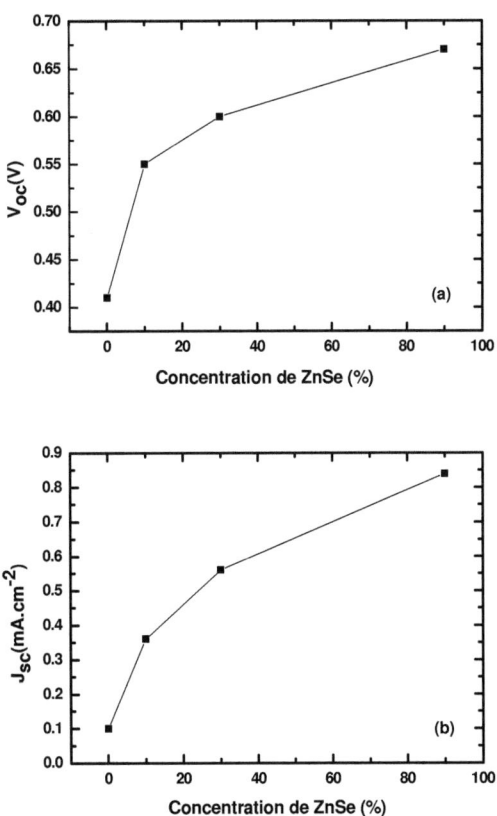

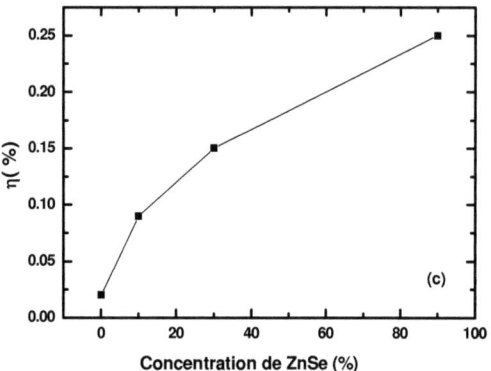

Figure 27: Evolution de V_{oc} (a) J_{sc} (b) η (c) de PVK : %ZnSe en fonction de la concentration de ZnSe.

On remarque également, que l'allure des caractéristiques J-V dans le quatrième quadrant n'est pas concave comme dans le cas des diodes conventionnelles. Cela peut être attribué à la faible propriété de rectification qui est due vraisemblablement aux grandes valeurs des résistances en série (20-30 KΩ) déterminées à partir de la tangente de la courbe J-V (V=0) et à la compétition entre le courant d'injection inverse et le courant de diffusion sous éclairement qui est faible probablement à cause d'une faible dissociation des excitons [16]. On peut évoquer aussi un effet lié à la qualité du contact polymère/cathode qui induit de forts dipôles d'interface [17].

Nous avons caractérisé les couches ybrides PVK/ZnSe par MEB, transmission-réflexion et modélisation, fluorescence et infrarouge et montré que les propriétés sont améliorés lorsque la concentration en ZnSe augmente avec un maximum en 90% de ZnSe.

En conclusion, nous constatons que l'incorporation des nanoparticules améliore considérablement les performances de la cellule organique. Cet effet est vraisemblablement relié au piégeage des excitons « Quenching » à l'interface polymère/nanoparticule qui diminue la fluorescence mais augmente le transfert d'excitation et favorise la dissociation des excitons en porteurs libres augmentant ainsi le courant photovoltaïque.

Réferénces :

[1] E. D. Palik, Handbook of Optical Constants of Solids (Academic Press, San Diego)(1998)

[2] Aida Benchaabane,Zied Ben Hamed, Faycal Kouki, Mohamed Abderrahmane Sanhoury, Kacem Zellama, Andreas Zeinert and Habib Bouchriha, J. Appl. Phys. 115, 134313 (2014)

[3] P. D'Angelo, M. Barra, A. Cassinese, M. G. Maglione, P. Vacca, C. Minarini, and A. Rubino, Solid-State Electron. 51(2007)123

[4] A. K. Walton and T. S. Moss, Proc. Phys. Soc. 81(1963) 509, J. I. Pankove, Optical Processes in Semiconductors (1971)

[5] Hussain A. Badran, American Journal of Applied Sciences 9(2012) 250-253

[6] M. Hamam, Y. A. El-Gendy, M. S. Selim, N. H. Teleb, and A. M. Salem, Chalcogenide Lett. 6(2009)359

[7] J. Tauc, J. Non-Cryst. Solids 149 (1987) 97–98

[8] M. J. Lambregts and S. Frank, Talanta 62(2004)627

[9] D. Olgu_ın and R. Baquero, Rev. Mex. Fis. 49(2003)1–5

[10] H. Wenisch, K. Schull, D. Homanel, G. Landeehr, D. Siche, and H. Hartmann, Semicond. Sci. Technol. 11(1996)107

[11]C. A. Smith, H. W. H. Lee, V. J. Leppert, and S. H. Risbud, Appl. Phys. Lett. 75(1999) 1688–1690

[12] D. Valerini, M. A. Signore, A. Rizzo, and L. Tapfer, J. Appl. Phys. 108(2010) 083536

[13] Z. El Malki, K. Hasnaoui, L. Bejjit, M. Haddad , M. Hamidi, M. Bouachrine, Journal of Non-Crystalline Solids 356 (2010) 467–473

[14]M. Baibarac, M. Lira-Cantu, J. Oro Sol, I. Baltog, N. Casan-Pastor, P. Gomez-Romero,Composites Science and Technology 67 (2007) 2556–2563

[15] H. Bedis Ouerghemmia, F. Kouki, P. Lang, H. Ben Ouada, H. Bouchriha, Synthetic Metals 159 (2009) 551–555

[16] B. Mazhari, Solar Energy Materials & Solar Cells 90 (2006) 1021–1033

[17]Dhritiman Gupta, Monojit Bag and K.S.Narayan, Applied Physics Letters 92, 093301(2008)

Chapitre 5 :

Etude du système hybride P3HT/CdSe

$\mathbf{N}$ous allons étudier dans ce chapitre les propriétés optiques, structurales, vibrationnelles et électriques du système hybride composé d'une matrice polymère P3HT et de nanoparticules inorganiques de CdSe. Le P3HT ou poly(3-héxylthiopène) est un polymère conjugué possédant une bonne stabilité chimique et thermique et la synthèse des nanoparticules de séléniure de cadmium CdSe est relativement facile. Les deux matériaux ont une bonne absorption et émission dans le domaine de l'UV-Visible.

1. Propriétés structurales des films de P3HT : %CdSe

Nous avons étudié ces propriétés pour quatre couches actives de différentes concentrations massiques en CdSe et d'épaisseurs variant entre 200 et 320 nm déterminées par profilométrie comme le montre le tableau 1 ci dessous :

Tableau 1 : Valeurs des épaisseurs des films P3HT/CdSe

Echantillon	Epaisseur (nm)
P3HT:0%CdSe	240
P3HT:20%CdSe	250
P3HT:40%CdSe	263
P3HT:60%CdSe	280

Nous avons caractérisé l'état de surface de ces couches par microscopie électronique à balayage (MEB) et par microscopie à force atomique (AFM). La figure 1 montre les micrographies MEB de la surface des couches hybrides P3HT/CdSe pour différentes concentrations massiques de CdSe égales à 0%, 20%, 40% et 60% correspondant respectivement à des fractions volumiques égales à 0, 3.78, 7.56 et 11.34.

Ces micrographies révèlent que la surface de la couche active du polymère pur est poreuse, avec des tailles de pores de l'ordre de 1-2 µm. Ces pores diminuent progressivement lorsqu'on augmente la concentration de nanoparticules de CdSe dans la matrice polymère.

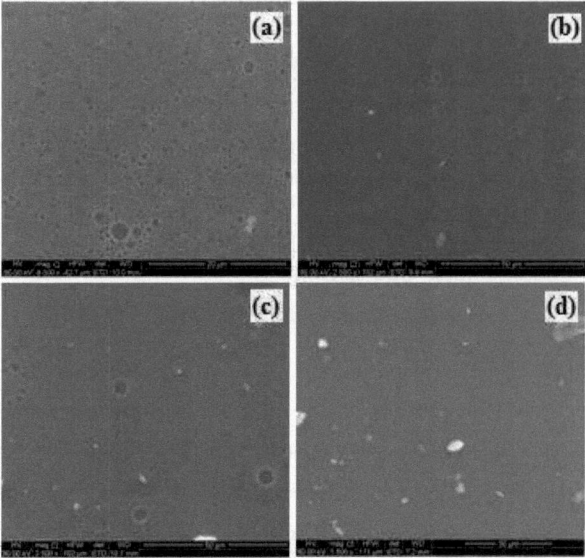

Figure 1: Micrographies MEB des couches P3HT/CdSe à différentes concentrations massiques de CdSe
(a) 0%, (b) 20%, (c) 40% et (d) 60%.

On remarque que la micrographie P3HT :40%CdSe montre une meilleure dispersion du CdSe dans la matrice polymère, avec l'absence d'agrégation de nanoparticules. Lorsque la concentration de CdSe est supérieure à 40%, le nombre d'agrégats des nanoparticules devient important et la surface de contact P3HT/CdSe devient donc plus petite. La couche à 40% de CdSe serait la plus homogène et la mieux adaptée pour l'obtention de cellules à hétérojonction en volume car elle offre la plus grande interface organique/inorganique.

La figure 2 présente l'analyse morphologique des couches hybrides par microscopie à force atomique (AFM) (la couleur jaune clair =nanoparticules, la couleur marron= les pores). Les micrographies montrent que la surface de la couche à 40% de CdSe présente une meilleure distribution des nanoparticules, alors que la couche à 60% contient des agrégats. Ceci confirme les observations obtenues par MEB et montre que la concentration à 40% est dans notre cas la concentration optimale pour l'obtention de dispositifs photovoltaïques de bonne qualité car il est bien connu que la taille et la distribution des grains influent fortement sur les propriétés optiques et électriques des couches actives [1].

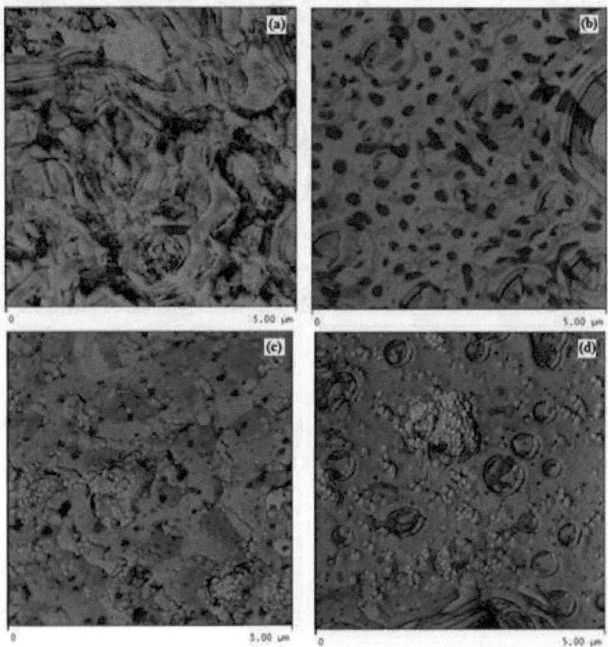

Figure 2: Micrographies AFM des couches P3HT/CdSe à différentes concentrations massiques de CdSe
(a) 0%, (b) 20%, (c) 40% et (d) 60%

2. Propriétés optiques

2.1 Spectres de transmission et de réflexion

Nous avons représenté sur les figures 3 et 4 les spectres typiques de transmission et de réflexion obtenus pour le polymère pur P3HT :0%CdSe et pour les systèmes hybrides correspondant aux concentrations 20%, 40% et 60%.

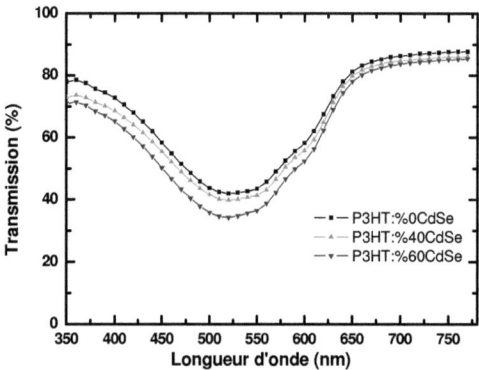

Figure 3: Spectres de transmission de composites de P3HT : %CdSe.

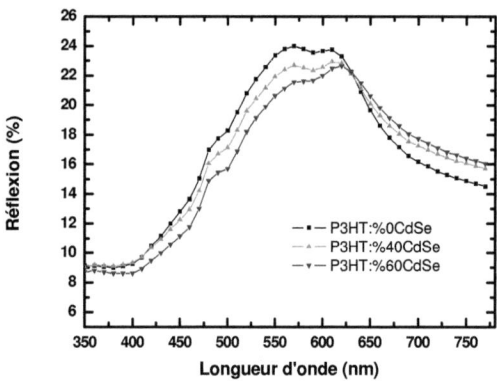

Figure 4: Spectres de réflexion de composites P3HT : %CdSe.

On remarque que pour toutes les couches la transmission est de l'ordre de 70% à 400 nm et diminue jusqu'à une valeur minimale d'environ 40% à 550

nm pour augmenter ensuite et atteindre à partir de 650 nm un palier de 85%
qui s'étend jusqu'à 800 nm. Pour la réflexion, on observe à peu près l'effet
inverse avec un maximum de 20% aux environs de 550 nm. Toutefois pour
le P3HT pur, nos résultats sont en légère contradiction avec ceux obtenus
par les auteurs de la référence [2] qui obtiennent pour une épaisseur de 200
nm une transmission plus faible dans le visible. Cela est peut être dû à ce
que l'épaisseur optique effective est plus faible que l'épaisseur réelle
mesurée par le profilomètre, ce qui peut être expliqué par la forte porosité
du polymère. Celle-ci tend à diminuer avec l'incorporation des
nanoparticules comme le montrent les images MEB.

2.2 Constantes optiques

Nous avons tout d'abord élaboré un modèle dans le logiciel CODE qui décrit
au mieux ce polymère comme un diélectrique avec des bandes d'absorption
dans le visible modélisés par quatre ou cinq oscillateurs généralisés [3]. Le
modèle semble reproduire la courbe expérimentale de manière satisfaisante.
En effet si nous essayons de modéliser au mieux les spectres expérimentaux
de R et de T simultanément en gardant l'épaisseur trouvée par profilométrie
le coefficient d'absorption s'effondre et l'indice de réfraction devient trop
élevé. Enfin une modélisation approximative des courbes expérimentales de
R et T (figure 5) donne une épaisseur optique "effective" faible avec des
valeurs de n nettement supérieures (maximum > 3) à celles trouvées dans la
littérature et suspectes pour de tels matériaux organiques.

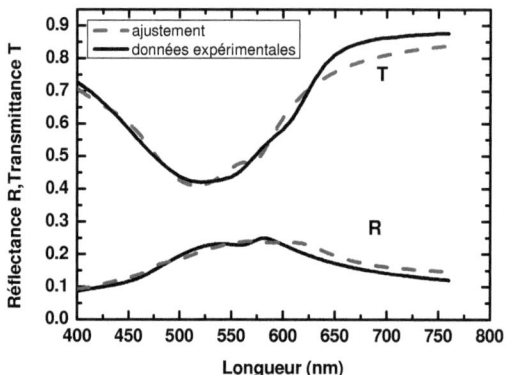

Figure 5: Meilleure modélisation des spectres expérimentaux du P3HT pur.

Afin de comparer les valeurs optiques de tous les films nous nous sommes donc focalisés sur les spectres de réflexion. Etant donné les faibles variations observées dans les différents spectres nous avons d'abord adopté le même type de modèle général que pour le polymère pur, avec comme paramètres libres les largeurs, amortissements et fréquences des oscillateurs décrivant l'absorption entre 400 et 800 nm ainsi que l'épaisseur du film.

La figures 6 et 7 montre les courbes modélisées par rapport aux courbes expérimentales respectivement du polymère pur et des composites hybrides P3HT/%CdSe.

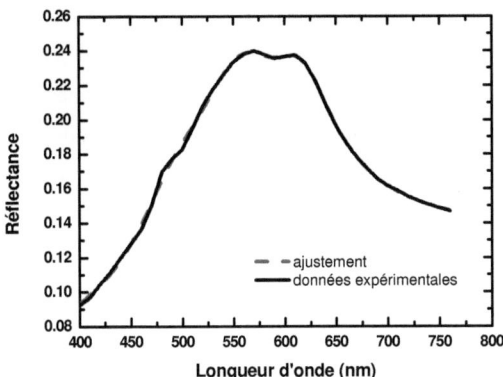

Figure 6: Spectres de réflexion expérimentals et ajusté de la couche P3HT pur.

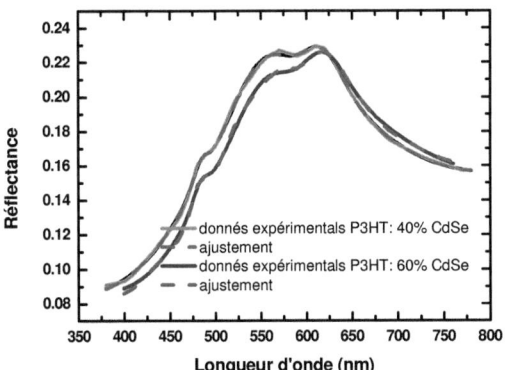

Figure 7: Meilleure modélisation des spectres expérimentaux du P3HT :40%CdSe et P3HT :60%CdSe.

Les figures 8, 9, 10 et 11 présentent respectivement les variations de n, k, ε' et ε'' en fonction de la longueur d'onde pour le P3HT pur et pour les systèmes hybrides correspondant aux concentrations 20, 40 et 60%, obtenus à partir des spectres de réflexion. Pour la couche pure les valeurs de l'indice de réfraction sont comparables à celles de la littérature même s'ils sont un peu plus faibles (maximum à 2.05 contre 2.2 dans la ref [2]) ce qui est cohérent avec une couche moins dense en raison des porosités. Par ailleurs le coefficient d'extinction autour de 1 implique des valeurs de alpha autour de 200 000 cm^{-1} là encore compatible avec celle de la littérature. On constate que les variations de n et $\varepsilon^{'}$ sont similaires avec des minima autour de 500 nm et des maxima autour de 650 nm, il en est de même des variations de k et de $\varepsilon^{''}$ qui ont la même allure avec des maximas au voisinage de 550 nm. L'incorporation des nanoparticules affecte la matrice polymère avec des variations certes notables de ces constantes optiques mais en conservant une forme spectrale similaire. On observe pour k et pour n une tendance à l'augmentation des valeurs avec une concentration de NPs de CdSe croissante. Cette évolution peut avoir deux causes : tout d'abord l'introduction du CdSe peut modifier la fonction diélectrique effective du composite par le mélange des deux phases du composite. La deuxième possibilité est une densification de la couche provoquée par l'ajout des nanoparticules de CdSe. Cette dernière semblerait corroborer la tendance observée dans les images MEB d'une moindre porosité pour les films dopés plus fortement.

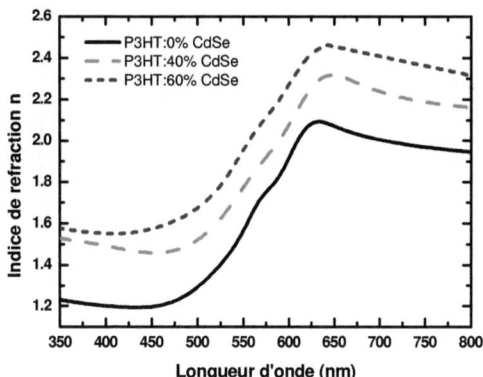

Figure 8: Variation d'indice de réfraction n des couches de P3HT/%CdSe en fonction de la longueur d'onde pour les différentes concentrations massiques de CdSe.

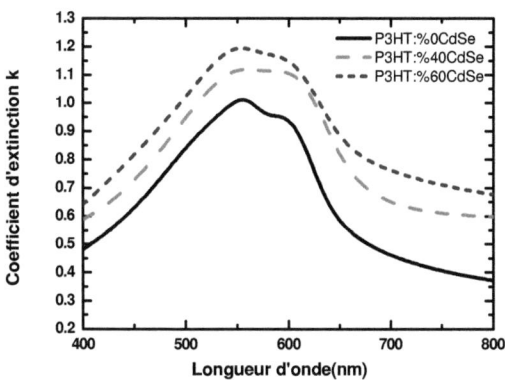

Figure 9: Variation de coefficient d'extinction des couches de P3HT/%CdSe en fonction de la longueur d'onde pour les différentes concentrations massiques de CdSe.

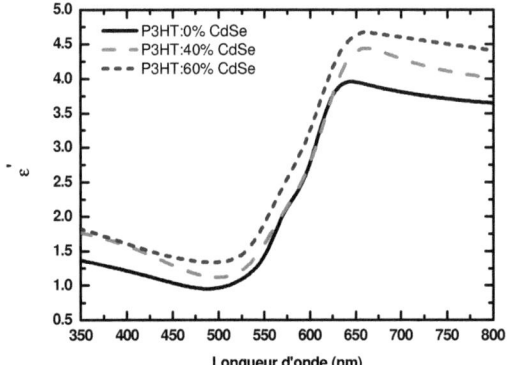

Figure 10: **Variation de la partie réelle de la permittivité diélectrique des couches de P3HT/%CdSe en fonction de la longueur d'onde pour les différentes concentrations massiques de CdSe.**

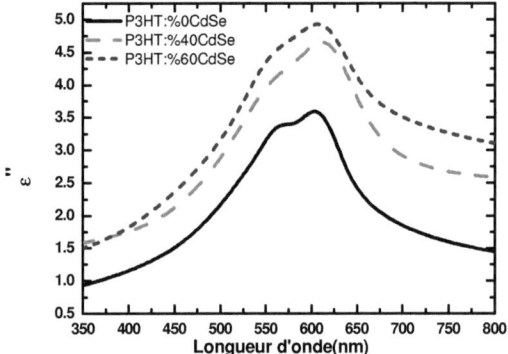

Figure 11: **Variation de la partie imaginaire de la permittivité diélectrique des couches de P3HT/%CdSe en fonction de la longueur d'onde pour les différentes concentrations massiques de CdSe.**

On pourrait néanmoins se poser la question du rôle de la fonction diélectrique du CdSe dans le composite. Nous avons donc essayé de modéliser les spectres avec des modèles de milieu effectif de type Maxwell et Bruggeman comme dans le cas de PVK:ZnSe. Cependant, ces modèles échouent pour reproduire les spectres expérimentaux de R compte tenu des contraintes comme l'épaisseur des films et la fraction volumique des NPs de CdSe. Quelles sont les raisons possibles de cet échec alors que ces modèles décrivent correctement les tendances de la fonction diélectrique dans le système PVK:ZnSe ?

Nous soulignons une différence fondamentale entre le système PVK:ZnSe et le système P3HT:CdSe : le comportement d'absorption des phases respectives. En effet le PVK et le ZnSe sont quasi transparents dans le visible alors que CdSe et P3HT sont tous les deux des matériaux fortement absorbants dans les domaines spectraux étudiés ce qui rend la modélisation plus compliquée.

2.3 Modèles optiques

Nous avons examiné et discuté les résultats précédents à la lumière des modèles optiques présentés dans le chapitre 3 et déterminé ainsi les paramètres physiques régissant les propriétés optoélectroniques du matériau.

2.3.1 Modèle de Cauchy

Nous avons représenté sur la figure 12 les variations de l'indice de réfraction en fonction de $1/\lambda^2$ pour les grandes longueurs d'ondes (650-800 nm) pour les trois systèmes étudiés (0%, 40% et 60% de CdSe). On observe bien une dépendance linéaire conforme à la loi de Cauchy :

$$n = A + \frac{B}{\lambda^2}$$

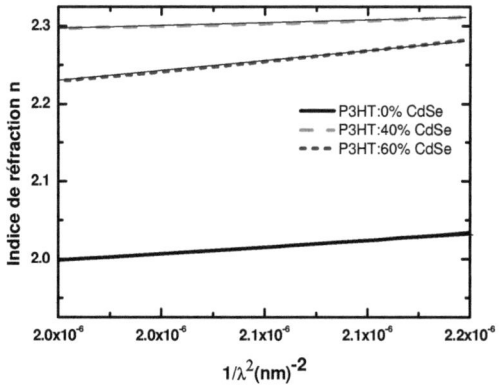

Figure 12: Variation de l'indice de réfraction en fonction de $1 / \lambda^2$.

Les valeurs des paramètres de Cauchy A et B obtenues et qui sont respectivement l'ordonnée à l'origine et la pente de ces droites sont données dans le tableau 2.

Tableau 2 : Coefficients de Cauchy A et B de P3HT/%CdSe

Echantillon	A	B (nm^{-2})	ε_s
P3HT :0%CdSe	1.95	12330	3.80
P3HT :40%CdSe	2.11	19224	4.45
P3HT :60%CdSe	2.24	27465	5.01

On remarque que A et B augmentent avec la concentration de CdSe. Comme A représente l'indice de réfraction n, ceci suggère que l'incorporation des nanoparticules augmente la densité et la compacité du matériau, ce qui est en bon accord avec les résultats obtenus par AFM et MEB. L'indice du polymère pur est égal à 1.95, valeur qui est proche de celle (≈ 2) trouvé dans la littérature [4]. On a reporté sur le même Tableau

170

les valeurs de ε_s, qui augmentent avec la concentration de CdSe, indiquant l'amélioration du caractère semi-conducteur du composite.

2.3.2 Modèle de Lorentz

La figure 13 montre la variation de ε' pour les grandes longueurs d'onde pour le polymère pur et pour les systèmes de concentration 40% et 60%. On observe bien une dépendance linéaire en λ^2 conforme au modèle de Lorentz, où on a :

$$\varepsilon' = \varepsilon_\infty - a\lambda^2$$

Avec $a = \dfrac{\varepsilon_\infty w_p^2}{4\pi^2 c^2}$ et ε_∞ la permittivité à haute fréquence.

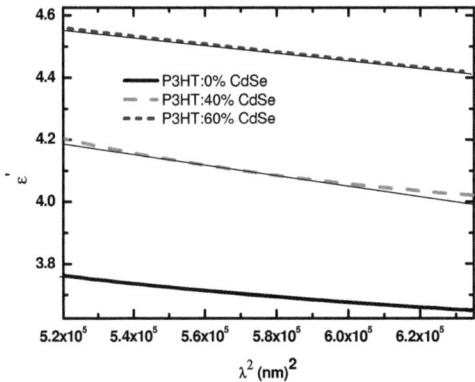

Figure 13: Variation de ε' de P3HT/%CdSe en fonction du carré la longueur d'onde pour les différentes concentrations de CdSe.

L'ordonnée à l'origine et la pente de ces droites permettent la détermination des valeurs de ε_∞, w_p et N / m_e^* qui sont données dans le tableau 3 :

Tableau 3 : Les valeurs de values of $\varepsilon^{\infty}, \omega_p$ and N/m_e^*

Echantillon	ε_∞	$a \times 10^{12}$ (m^{-2})	$\omega_p \times 10^{-14}$ (rad.s^{-1})	$\frac{N}{m_e^*} \times 10^{-58}$ (m^{-3}.kg^{-1})
P3HT :0%CdSe	3.90	1.05	9.70	1.43
P3HT :40%CdSe	4.72	1.70	11.18	2.30
P3HT :60%CdSe	4.95	1.96	11.80	2.70

On remarque que les valeurs de ε_∞, w_p et N/m_e^* augmentent sous l'effet de l'inclusion des nanoparticules de CdSe. Ces valeurs tout en étant de l'ordre de grandeur de celles obtenues pour le système PVK/ZnSe sont toutefois légèrement plus élevées, notamment le rapport N/m_e^*.

2.3.3 Modèle de Wemple-Dodeminico

Dans ce modèle appelé encore modèle de l'oscillateur effectif unique, les effets de dispersion sont décrits par la formule

$$(n^2 - 1)^{-1} = \alpha - \beta E^2 = f(E^2)$$

où E est l'énergie des photons, α et β sont liés à l'énergie E_0 de l'oscillateur et à l'énergie de dispersion E_d par :

$$E_0 = \sqrt{\frac{\alpha}{\beta}} \text{ et } E_d = \frac{1}{\sqrt{\alpha\beta}}$$

La figure 14 représente l'évolution de $(n^2 - 1)^{-1}$ avec le carré de l'énergie pour les grandes longueurs d'onde.

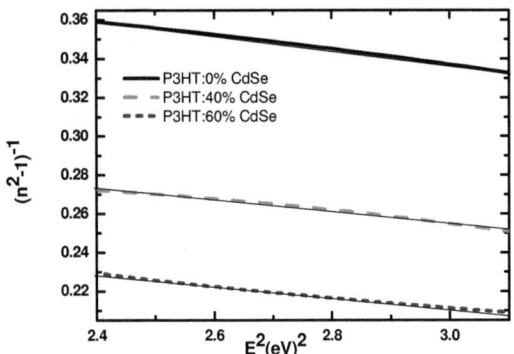

Figure 14: Variation de $(n^2-1)^{-1}$ en fonction du carré de l'énergie des photons incidents de P3HT/%CdSe pour les différentes conecentrations de CdSe.

Tableau 4 : E_d, E_0, n_0 and ε_s des films PVK/%ZnSe

Echantillon	n_0	ε_z	E_d(eV)	E_0(eV)	$E_g \approx E_0 / 2$ (eV)
P3HT	1.85	3.44	8.62	3.52	1.76
P3HT :40%CdSe	2.02	4.10	10.63	3.42	1.71
P3HT :60%CdSe	2.07	4.29	11.11	3.37	1.68

Le tableau 4 montre que les valeurs de l'indice de réfraction statique n_0 et de la constante diélectrique statique ε_s sont proches de celles obtenues à partir de la loi de Cauchy. Et elles suivent la même tendance avec l'augmentation de la concentration de CdSe. On remarque que E_d augmente également avec la concentration de CdSe (≈ 8.5-11 eV) ce qui peut être due à une diminution de porosité du système. Il en est de même pour l'indice de réfraction n_0 et la permittivité statique ε_s.

L'énergie E_0 de l'oscillateur unique diminue avec la concentration et passe de 3.52 eV pour le polymère pur à 3.37 eV pour le système hybride P3HT/60% CdSe. E_0 conduit à des énergies de gap qui diminuent aussi avec l'augmentation de la concentration passant de 1.76 à 1.68 eV.

2.3.4 Coefficient d'absorption, gap optique et conductivité optique

Nous présentons sur la figure 15 les variations du coefficient d'absorption en fonction de la longueur d'onde obtenus pour P3HT pur et pour les P3HT/CdSe composites. La figure 15 montre une forte absorption des couches minces entre 450 nm et 650 nm. On observe un premier pic situé autour de 550 nm et dont l'intensité augmente avec l'augmentation de la concentration de CdSe. On observe également un épaulement situé autour de 600 nm et dont l'intensité augmente avec l'augmentation de la concentration de CdSe. Le pic situé à 550 nm correspond à la transition $\pi - \pi^*$ [5], alors que l'épaulement situé autour de 600 nm est associé aux interactions interchaînes dans le P3HT [6,7]. On observe aussi un déplacement (≈ 10 nm) vers le bleu du premier pic en passant du polymère pur au composite P3HT :60%CdSe. Cet effet a été signalé par *Alves et al.* [8] qui ont trouvé un décalage de 5 nm.

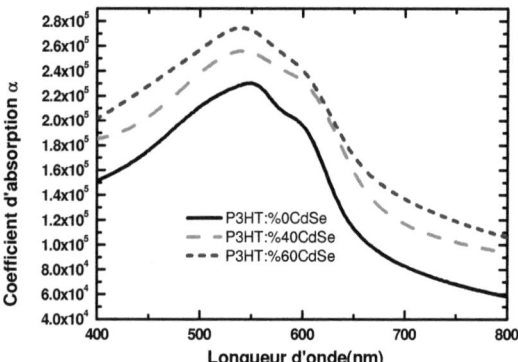

Figure 15 : Evolution du coefficient d'absorption des échantillons P3HT/%CdSe en fonction de la longueur d'onde pour les différentes concentrations de CdSe.

Les spectres de α nous permettent de déterminer l'énergie du gap en utilisant la relation de Tauc : $\alpha^2(E)E^2 = A(E - E_g)$ présentée dans le

174

chapitre 3. La figure 16 représente la variation de $\alpha^2(E)E^2$ en fonction de l'énergie E pour le polymère pur et les deux composites de concentration 40 et 60%.

L'intersection de l'extrapolation de la partie linéaire de $(\alpha h\upsilon)^2$ avec l'axe des énergies nous permet d'obtenir l'énergie du gap E_g.

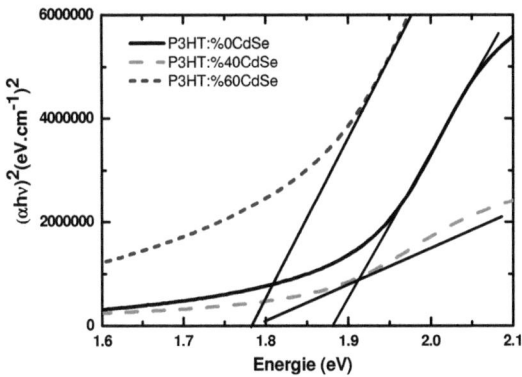

Figure 16: Variation de $(\alpha h\upsilon)^2$ en fonction de l'énergie pour les P3HT/%CdSe.

Les valeurs de E_g obtenues pour les différentes couches de P3HT/CdSe sont reportées sur le tableau 5:

Tableau 5 : Valeurs de l'énergie du gap E_g pour des différents échantillons P3HT/%CdSe

Echantillon	Eg (eV)
P3HT: 0%CdSe	1.88
P3HT:40%CdSe	1.80
P3HT:60%CdSe	1.78

On remarque que E_g diminue lorsque la concentration de CdSe augmente, et que les valeurs de E_g obtenues pour le polymère pur et le composite sont voisines de celles trouvées à partir du modèle de l'oscillateur unique. Par ailleurs, la valeur E_g=1.88 eV du polymère pur est en bon accord avec celle déterminée (1.9 eV) par *E. Park et al.*[9].

Enfin, nous avons déterminé la conductivité optique σ_{op}, qui est proportionnelle à la partie imaginaire de la constante diélectrique $\varepsilon^{''}$:

$$\sigma_{op}(E) = \varepsilon_0 \frac{E}{\hbar} \varepsilon^{''}(E)$$

La figure 17 donne la dépendance de σ_{op} avec l'énergie E des photons.

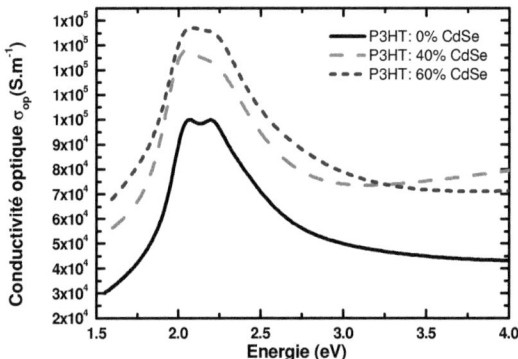

Figure 17: Variation de la conductivité optique de P3HT : %CdSe en fonction de l'énergie.

On remarque que la conductivité $\sigma_{op}(E)$ présente un maximum entre 2 et 2.4 eV dont l'intensité augmente avec la concentration des nanoparticules de CdSe. La valeur maximale de cette conductivité pour le P3HT pur est de 10^5 S.m^{-1} et sa valeur pour le composite à 60% de CdSe est de 1.37×10^5 S.m^{-1}.

3. Propriétés vibrationnelles: Spectroscopie infrarouge

L'étude vibrationnelle de la couche de P3HT pur et de P3HT :60%CdSe a été effectuée par spectroscopie infrarouge à transformée de Fourier (FTIR) dans la gamme spectrale (400-4000cm^{-1}). Ces résultats sont représentés sur la figure18. Une rapide observation des spectres ne nous montre peu de modifications dans la microstructure globale de nos films (c'est-à-dire de la composition et de la structure atomique) en fonction de la concentration de CdSe. En effet, les bandes dans la zone <1000 cm^{-1} indiquent clairement la présence des liaisons CH, CC et CO en cycles dans la structure de nos films. La région (1250-1500 cm^{-1}) fait apparaître les vibrations de déformations de CH. Une large bande est observée dans la zone 1580-1610 cm^{-1} qui est attribuée à la présence de la vibration en élongation en cycle spécifique de thiophène C=C. Généralement, l'observation de liaisons symétriques de type C=C, normalement invisibles en FTIR car elles ne possèdent pas de moment dipolaire, est rendue possible par le désordre qui brise leur symétrie. La zone 2700-3000 cm^{-1} fait apparaitre les bandes de vibrations d'élongation CH symétriques et antisymétriques. Dans la zone 3300-3500 cm^{-1} se trouvent les bandes d'absorption des vibrateurs OH. L'oxygène dû à la présence des pores (observée par imagerie MEB et AFM), a pu être incorporé durant ou après le dépôt par contamination par l'atmosphère. Le caractère très réactif de notre matériau de base facilite ce genre de contamination [10-12].

Cependant, en comparant les deux spectres FTIR, on observe une forte désoxydation (disparition de la bande OH) de l'échantillon P3HT :60%CdSe. La diminution des liaisons OH dans l'échantillon contenant 60% de CdSe est une signature de la diminution de porosité du film, autrement dit, le film devient plus dense. Ce résultat est en accord avec l'augmentation de l'indice de réfraction statique n_0 déterminée à partir des mesures optiques et également avec les observations AFM.

La diminution de OH confirme aussi la diminution de photoluminescence « Quenching », cela peut être expliqué par le fait que plus on dope le P3HT plus le nombre des centres de recombinaisons diminue (défauts), le matériau devient ainsi de plus en plus dense conduisant à la diminution de l'intensité d'émission du matériau.

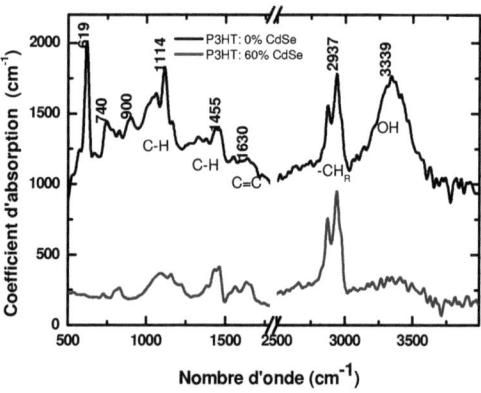

Figure 18: spectres typiques infrarouges obtenus pour les couches minces de P3HT pur et P3HT :60%CdSe.

4. Spectres de fluorescence

Nous présentons sur les figures 19 et 20 les variations de la fluorescence obtenues pour les composites P3HT :%CdSe, pour différents concentrations de nanoparticules de CdSe, respectivement, en solution (chloroforme) et en couches minces, en fonction de la longueur d'onde. Ces figures montrent que l'intensité de la fluorescence est maximale pour le polymère P3HT pur et elle diminue avec l'augmentation de la concentration des nanoparticules incorporées aussi bien dans la solution que dans les couches minces.

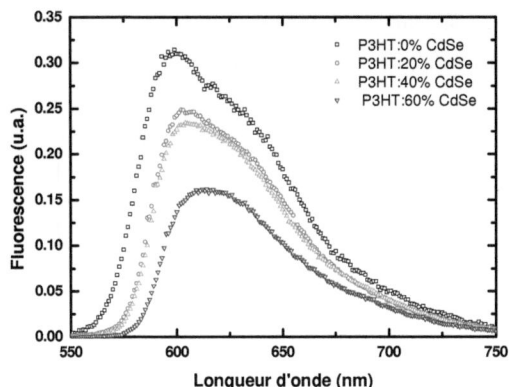

Figure 19 : Variation de la fluorescence de P3HT :CdSe en fonction de la longueur d'onde pour différentes concentrations de CdSe en solution.

Pour les spectres des composites P3HT en solution, on observe un maximum situé aux alentours de 600 nm pour le polymère P3HT pur, qui diminue progressivement en intensité et qui se déplace vers les grandes longueurs d'onde avec l'augmentation de la concentration des nanoparticules de CdSe. Ce maximum se situe à 615 nm pour 60% de CdSe. On observe également un épaulement également observé aux alentours de 640 nm qui disparait pour 60% de CdSe.

En ce qui concerne les spectres obtenus pour les couches composites P3HT :%CdSe, le maximum obtenu pour le polymère pur plus intense que celui obtenu pour le P3HT pur en solution, et est situé à une plus grande longueur d'onde de l'ordre de (668 nm). Ce maximum se déplace également vers les grandes longueurs d'onde, avec l'augmentation de la concentration de CdSe, pour se situer à 673 nm pour 20% de CdSe. Nous remarquons, cependant, que la diminution de l'intensité de ce maximum avec l'augmentation de la concentration de CdSe, est beaucoup plus importante que celle observée pour les composites en solution. Ce maximum s'estompe quasiment pour des concentrations de CdSe supérieures à 20% pour devenir un plateau s'étalant entre 650 et 750 nm (figure 15). On observe également un épaulement situé aux alentours de 718 nm.

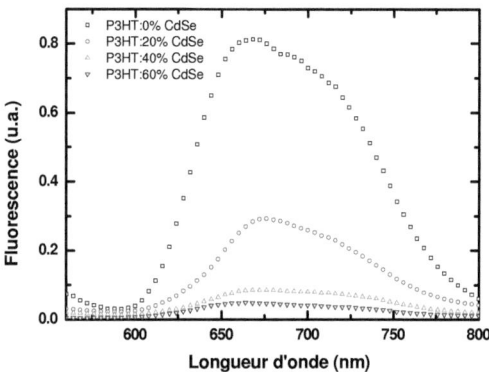

Figure 20: Variations de l'intensité de la fluorescence des composites P3HT :CdSe pour différentes concentrations en fonction de la longueur d'onde.

Ce comportement peut être expliqué par le fait qu'en solution la matrice polymère garde ses propriéts et c'est son émission qui gouverne la fluorescence observée, ce qui peut être due à la bonne dilution du polymère et des nanoparticules dans le solvant organique.

Dans le cas des couches minces, une grande concentration des nanoparticules affecte les couches qui perdent de leur homogénéité suite à une mauvaise dispersion des nanoparticules dans la matrice qui contribue à la formation d'agrégats comme le suggère les micrographies MEB et AFM.

Pour interpréter la diminution de la fluorescence (Quenching) on peut affirmer que du fait que les gaps de P3HT et des NPs de CdSe sont proches, le transfert d'excitations est favorable. Lorsque les excitons créés dans le polymère atteignent l'interface P3HT/CdSe un transfert direct se produit du polymère (donneur) au CdSe (accpteur), ce transfert de type *Forster* est possible à cause du chevauchement spectral entre le spectre d'émission de P3HT et le spectre d'absorption de NPs de CdSe [13] comme le montre la figure 21.

Ce transfert d'énergie conduit donc à la diminution de la densité d'excitons dans le polymère et à la formation d'excitons dans les nanoparticules de CdSe, ce qui explique la diminution de la fluorescence induite par les excitons du polymère. En même temps, on peut assister à un transfert des trous des nanoparticules de CdSe vers le P3HT, et des charges libres seront donc générées par transfert de trous de la bande de conduction de CdSe vers l'HOMO du P3HT. On a donc à la fois un transfert d'excitons de même multiplicité via l'échange électronique de Dexter et un transfert d'excitons de multiplicité différente par transfert de Förster.

La diminution de la fluorescence qui est attribuée à la diminution des centres de recombinaison, ou encore les défauts, est en bon accord avec la diminution de la bande OH observée dans les résultats des mesures de spectroscopie infrarouge (FTIR).

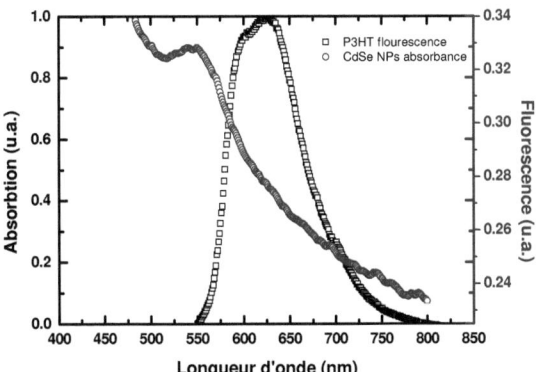

Figure 21: Chevauchement entre le spectre d'émission de P3HT et le spectre d'absorption de CdSe.

5. Propriétés photovoltaïques

5.1 Caractéristiques à l'obscurité

La figure 22 représente les caractéristiques linéaires (J-V) à l'obscurité des diodes

ITO/PEDOT :PSS/P3HT :%CdSe/Al correspondant au polymère pur et à des composites avec différentes concentrations 20%, 40% et 60% de CdSe.

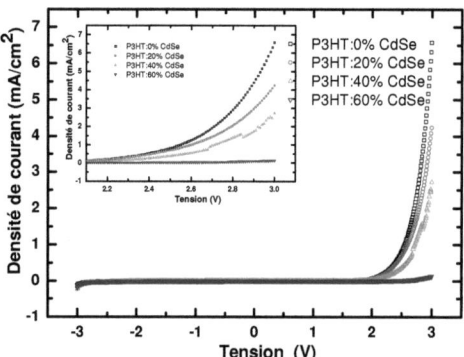

Figure 22: Caractéristiques J-V de cellules photovoltaïques hybrides P3HT:%CdSe à l'obscurité.

On remarque que ces caractéristiques présentent un comportement rectifiant typique d'une diode. Le tracé en échelle log-log de la caractéristique de la diode ITO/PEDOT :PSS/P3HT/Al pour les tensions positives montre que comme pour le P3HT et les matériaux organiques en général la densité de courant J suit un comportement en puissance de V ($J \propto V^n$). On distingue la présence de trois régions qui dépendent de la valeur de la tension appliquée comme le montre la figure 23.

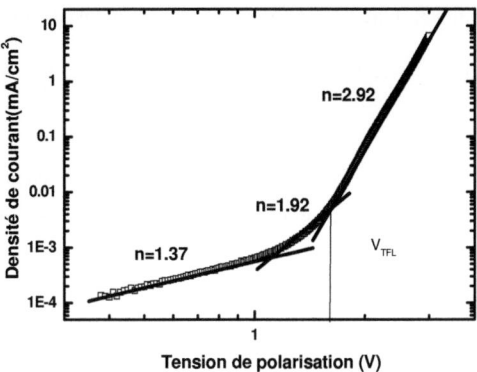

Figure 23: Caractéristique log(J)-log(V) de structure ITO/P3HT/Al à l'obscurité.

Dans la première région, l'intensité de courant augmente faiblement avec la tension appliquée ($n \approx 1.3$), elle correspond à la conduction ohmique où la densité des porteurs à l'équilibre thermodynamique est supérieure à la densité des charges injectées.

La deuxième région ($n \approx 2$) correspond au régime limité par la charge d'espace, après le remplissage de tous les pièges le courant augmente rapidement sous forme quadratique (loi de Child).

Dans la troisième région, l'intensité de courant augmente très rapidement avec la tension appliquée ($n \approx 3$). Ce régime correspond à la limite de remplissage de pièges dans lequel tous les pièges sont remplis.

A partir de la région 2 qui est limitée par la charge d'espace on peut déterminer la mobilité μ des porteurs de charges à partir de l'expression :

$$J = \frac{9}{8} \varepsilon \mu \frac{V^2}{d^3}$$

Pour $\varepsilon_r = 3$ et $d = 200 nm$ on obtient $\mu \approx 5.6 \times 10^{-5} cm^2 . V^{-1} . s^{-1}$

183

Dans la région 1 où la densité de courant est ohmique on peut déterminer la densité des porteurs libres n_0 dans ce régime à partir de l'expression $J = qn_0\mu\dfrac{V}{d}$, on trouve, en remplaçant μ par sa valeur, une valeur de $n_0 \approx 5.10^{12}\,cm^{-3}$.

Enfin, on peut aussi trouver la valeur de la densité totale des pièges dans la couche P3HT à partir de la valeur de V_{TFL} ($\approx 1.6V$) et de l'expression :

$$N_{tot} = 2\frac{\varepsilon}{q}\frac{V_{TFL}}{d^2}$$

On obtient $N_{tot} \approx 1.1.10^{15}\,cm^{-3}$, ces valeurs sont similaires à celles reportées dans la littérature [14].

5.2 Caractéristiques sous éclairement

La figure 24 montre les caractéristiques photovoltaïques J-V dans le quatrième quadrant réalisées sous un éclairement de 10 mW /cm^2 pour les cellules ITO/PEDOT :PSS/P3HT :%CdSe/Al.

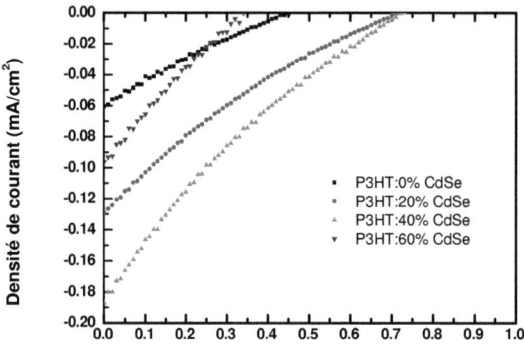

Figure 24 : Caractéristiques J-V de cellules photovoltaïques hybrides P3HT:%CdSe sous éclairement.

On remarque que l'incorporation des nanoparticules de CdSe dans la matrice polymère augmente la tension de circuit ouvert V_{co} et le courant de court circuit J_{sc} jusqu'à la concentration de 40%. A partir de cette valeur, on observe un effondrement de la caractéristique J(V) marqué par une diminution significative de V_{co} et J_{sc} comme le montre la figure ci-dessus et le tableau 6 où nous avons reporté les valeurs de V_{co} et J_{sc} ainsi que les valeurs de facteur du forme FF et du rendement de conversion d'énergie η.

Néanmoins comme pour les cellules PVK/ZnSe la concavité de la caractéristique J-V dans le quatrième quadrant est inversée et cela est dû probablement à la grande valeur de la résistance série ($\approx 30 - 40K\Omega$) et aux effets d'interface polymère/cathode d'Al comme évoqués dans le chapitre 4.

Tableau 6 : Paramètres photovoltaïques de cellules photovoltaïques hybrides P3HT:%CdSe.

Echantillon	$V_{co}(V)$	$J_{sc}(mA/cm^2)$	FF	η (%)
P3HT:0% CdSe	0.45	0.06	0.20	0.05
P3HT:20% CdSe	0.72	0.12	0.18	0.15
P3HT:40% CdSe	0.74	0.18	0.19	0.25
P3HT:60% CdSe	0.34	0.09	0.22	0.07

On remarque que le facteur de forme FF reste à peu près constant pour toutes les cellules étudiées, faible et est de l'ordre de (0.18-0.22), en accord avec ce qui a été publié dans la littérature [8]. Cependant, les autres paramètres sont affectés par l'augmentation de la concentration de CdSe : ils augmentent d'abord, passant par un maximum pour la concentration 40% et diminuent ensuite. La cellule contenant 40% de CdSe semble optimale car elle a les meilleurs paramètres propices à la conversion photovoltaïques avec une plus grande augmentation pour V_{co}, J_{sc} et η.

Nous avons représenté sur les figures 25 (a,b,c) l'évolution de V_{co}, J_{cc} et η en fonction de la concentration des nanoparticules.

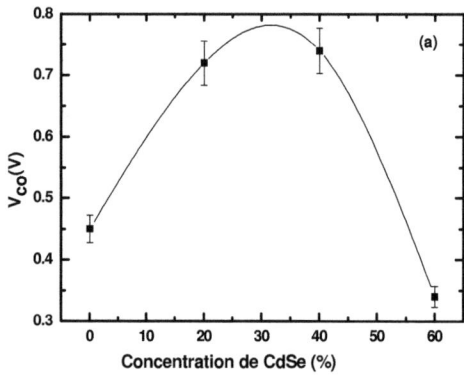

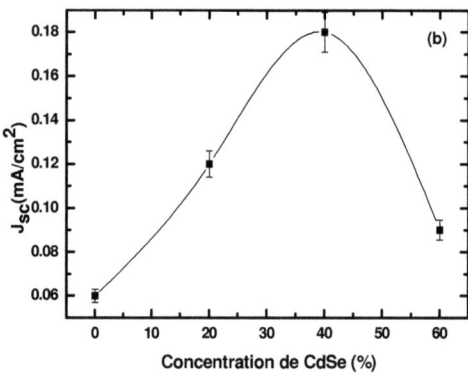

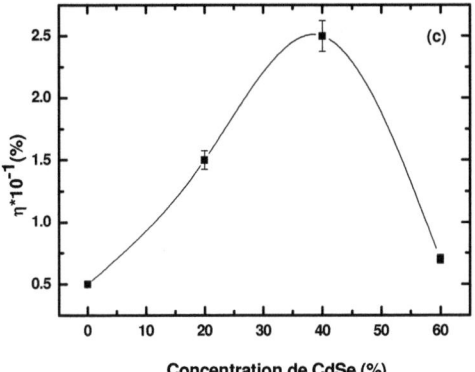

Concentration de CdSe (%)

Figure 25: Evolution de(a) V_{oc} (b) J_{sc} (c)η de PVK : % ZnSe en fonction de la concentration de ZnSe.

Il en ressort des résultats précédents que la dépendance la plus prononcée de la concentration de CdSe est observée pour J_{sc} et par conséquent pour η. J_{sc} passe de 0.06 pour la cellule à base de P3HT pur à 0.18 mA/cm^2 pour la cellule incorporant 40% de CdSe. Cette concentration est donc optimale pour l'amélioration des performances photovoltaïques de la cellule hybride, dont le rendement de conversion est multiplié par un facteur cinq par rapport à la cellule à base de polymère pur.

Une concentration de CdSe inférieure à cette valeur critique (40% de CdSe) conduit à une diminution significative de rendement, car la quantité de CdSe dans la matrice P3HT semble insuffisante pour former des voies de percolation efficaces qui minimisent les distances des sauts « hopping » entre les nanoparticules, afin d'obtenir une meilleur extraction d'électrons. Toutefois, dans le cas de forte concentration de CdSe (au-delà de 40% de CdSe), la probabilité d'agrégation des nanoparticules est élevée menant à une faible surface de contact P3HT/CdSe et donc à une faible probabilité de dissociation des excitons. On peut conclure alors que la cellule

P3HT :40%CdSe est la meilleure par rapport aux cellules P3HT :0%CdSe, P3HT:20%CdSe et P3HT :60%CdSe, et conduit à un rendement égal à $\eta = 0.25\%$ avec V_{oc}=0.74 V et J_{sc}=0.18 mA /cm^2.

Références :

[1]D.E.Motaung,G.F.Malgas,C.J Arendse,S.E.Mavundla,C.J.Olophant,D.Kn oesen, journal of Materials science 44(2009)3192

[2] Viney Saini,Omar Abdulrazzaq, Shawn Bourdo, Enkeleda Dervishi, Anca Petre, Venu Gopal Bairi, Thikra Mustafa, Laura Schnackenerg, Tito Viswanathan, Alexandru S.Biris
J.Appl.phys.112,054327(2012)

[3] C.C. Kim, J.W. Garland, H. Abad, P.M. Raccah, Phys. Rev. B 45 (20) 1992, 11749-11767

[4] Adam J. Moulé and Klaus Meerholz, APPLIED PHYSICS LETTERS 91(2007) 061901

[5] Yuning Li, George Vamvounis, and Steven Holdcroft,Macromolecules 18(2002)

[6] G. Li, V. Shrotriya, Y. Yao, Y. Yang, J. Appl. Phys. 98 (2005) 043704

[7] L. Ma, J. Liu, Y. Yang, Appl. Phys. Lett. 80 (2002) 2997

[8] João Paulo de Carvalho Alves, Jilian Nei de Freitas, Teresa Dib Zambon Atvars, Ana Flávia Nogueira, Synthetic Metals 164 (2013) 69– 77

[9] Eung-Kyu Park, Jae-Hyoung Kim , In Ae Ji , Hye Mi Choi , Ji-Hwan Kim , Ki-Tae Lim ,Jin Ho Bang , Yong-Sang Kim, Microelectronic Engineering 119 (2014) 169–173

[10] A.Rodrigues, M.Cidalia, R.Castro, Andreia S.F.Farinha, Manuel Oliveira, Jao P.C.Tome, Ana V.Machado, M.Manuela M.Raposo, Loic Hilliou, Gabriel Bernardo, Polymer Testing 32(2013) 1192-1201

[11] A.Aguirre, S.C.J.Meskers, R.A.J.Janssen, H.-J.Egelhaaf, Organic Electronics 12(2011)1657-1662

[12] Jihuai Wu, Gentian Yue, Yaoming Xiao, Jianming Lin, Miaoliang Huang, Zhang Lan, Qunwei Tang, Yunfang Huang, Lequing Fan, Shu Yin, Tsugio Sato, Scientific Reports, 3 : 1283, DOI :10.1038/srep 01283

[13] Feng Teng , Aiwei Tang, Bin Feng, Zhidong Lou, Applied Surface Science 254 (2008) 6341 -6345

[14] C.Goh, R. Joseph Kline, and M D. McGehee, APPLIED PHYSICS LETTERS 86 (2005) 122110

Conclusion générale

Nous avons étudié dans ce travail l'effet de l'incorporation des nanoparticules semi-conductrices dans une matrice polymère dans le but d'améliorer les performances des dispositifs optoélectroniques susceptibles d'être réalisés à partir des systèmes hybrides organique/inorganique. Il a été établi en effet qu'il est possible d'initier dans ces systèmes un transfert d'excitations du polymère aux nanoparticules qui peut, à cause du confinement des porteurs et des excitons dans ces nanoparticules, contribuer à une augmentation du nombre des porteurs et donc de la conductivité. Cet effet étant d'autant plus efficace que les énergies de gap des deux matériaux sont voisines.

Nous avons dans cette thèse, après avoir présenté les propriétés générales des polymères et des nanoparticules et l'état de l'art sur les systèmes hybrides, synthétisé deux types de nanoparticules, le séléniure de zinc (ZnSe) et le séléniure de cadmium (CdSe) et sélectionné deux polymères conjugués, le PVK et le P3HT qui sont commercialement disponibles et qui sont connus pour leur stabilité chimique et thermique ainsi que leur forte absorption dans le visible.

La synthèse des nanoparticules a été réalisée par voie chimique douce et leur taille de l'ordre de 3-5 nm a été estimé par diffraction des rayons X, déterminée par TEM et absorption UV-vis. Les couches minces de systèmes hybrides (ou composites) déposées sur substrats de verre ou de verre conducteur ont été réalisées par la technique de la tournette (spin coating) à partir de solutions mères polymères/nanoparticules de différentes concentrations en nanoparticules. Enfin, les cellules photovoltaïques sont obtenues en déposant par évaporation thermique une électrode d'aluminium sur le composite, la contre- électrode étant l'ITO du verre conducteur.

Nous avons étudié les propriétés physiques des couches hybrides PVK/ZnSe et P3HT/CdSe obtenues par différentes techniques de caractérisation : structurale, optique, vibrationelle et électrique. Les résultats de MEB et AFM montrent que pour la faible concentration en nanoparticules et pour les deux systèmes étudiés, la dispersion des nanoparticules est homogène dans la couche et que ces nanoparticules sont confinées dans les pores. Aux fortes concentrations on observe aussi des agrégats de nanoparticules dispersés de façon relativement homogène dans la matrice polymère.

Les propriétés structurales ont été analysées par MEB et AFM et montrent que pour les faibles concentrations en nanoparticules et pour les deux systèmes étudiés, la dispersion des nanoparticules est homogène dans la couche et que les particules sont confinées dans les pores. Aux fortes concentrations, on observe aussi les agrégats des nanoparticules dispersés également de façon relativement homogène dans la matrice polymère.

L'étude des propriétés optiques et optoélectroniques est très importante dans l'analyse des performances apportées par les nanoparticules aux polymères. Notre approche a été de considérer le matériau composite formé de la matrice polymère et des nanoparticules comme un milieu effectif homogène à l'échelle macroscopique et dont la réponse à une excitation est décrite par les paramètres respectives n, k, ε et α ... Nous avons utilisé les deux modèles de milieu effectif connus (Maxwell-Garnett, Bruggeman) ainsi que le modèle de diélectrique, analysé les spectres de transmission et de réflexion à l'aide d'un logiciel « CODE » en y introduisant la fraction volumique f qui caractérise la concentration des nanoparticules du milieu. On a pu atteindre ainsi l'indice de réfraction, le coefficient d'extinction, les parties réelles et imaginaires de la constante diélectrique. A partir de ces grandeurs et en utilisant les modèles optiques (Cauchy, Lorentz, Wemple-Didomenico et Tauc) on a déterminé pour les diverses concentrations de nanoparticules et pour les deux systèmes hybrides étudiés PVK/ZnSe et P3HT/CdSe la constante diélectrique statique ε_∞, la pulsation plasma w_p, le rapport de la densité des porteurs N et de la masse effective m*, l'énergie d'oscillateur unique E_0, l'énergie de dispersion E_d, le gap optique E_g et la conductivité optique σ_{dc}. Il en ressort de cette étude que les grandeurs varient de manière significative du polymère au composite, en particulier :

- ε_∞ augmente avec la fraction volumique f de nanoparticules ce qui indique un passage du caractère diélectrique au caractère semi-conducteur.

- w_p augmente aussi avec f ce qui est probablement dû à l'augmentation du moment dipolaire induit par les nanoparticules.

- le rapport N/m* augmente également avec f indiquant une augmentation du nombre de porteurs et donc de la conductivité.

- l'énergie de dispersion augmente aussi avec f ce qui peut s'interpréter par l'augmentation de la porosité et l'énergie d'activation diminue probablement suite à l'augmentation des masses des éléments oscillants.

- l'énergie du gap diminue légèrement conformément à la loi de Vegard indiquant une évolution allant vers un caractère semi-conducteur.

Ainsi tous les modèles se complètent et convergent vers les mêmes résultats en particulier pour les valeurs de ε_∞ et E_g.

Les propriétés vibrationnelles analysées par spectroscopie infrarouge ont permis de déterminer les liaisons actives et les fréquences de vibration qu'on trouve conformes à celles obtenues dans la littérature.

Enfin, l'étude des propriétés électriques et photovoltaïques ont permis d'une part de déterminer les densités de pièges et les mobilités des porteurs et de montrer que l'incorporation des nanoparticules améliore les performances photovoltaïques en augmentant les courants de court circuit, les tensions de circuit ouvert et surtout le rendement de conversion photovoltaïque qui est multiplié par un facteur de 12 pour les cellules ITO/PVK :ZnSe/Al et d'un facteur de 5 pour les cellules ITO/P3HT :CdSe/Al. Ces résultats montrent clairement le rôle du transfert d'excitation entre le polymère (donneur) et les nanoparticules (accepteur), transfert qui génère une meilleure dissociation des excitons du polymère à l'interface contribuant à une meilleur augmentation du nombre de porteurs libres. Ce résultat est confirmé par l'étude de la fluorescence qui diminue avec la concentration suite au piégeage (Quenching) des excitons.

Nous envisageons dans l'avenir d'approfondir cette étude en la menant sur d'autres couples polymères-nanoparticules et de l'appliquer à l'étude des diodes électroluminescentes hybrides où l'excitation des boîtes quantiques qui fait suite à un transfert efficace peut générer des porteurs à l'interface dont la recombinaison exalte l'électroluminescence du système.